别败在不会
调节心态上

BIE BAIZAI BUHUI
TIAOJIE XINTAISHANG

● 华陌/编著 ●

中国言实出版社

图书在版编目（CIP）数据

　　别败在不会调节心态上 / 华陌编著 . —北京：中国
言实出版社，2014.8
　　ISBN 978-7-5171-0719-4

　　Ⅰ．①别… Ⅱ．①华… Ⅲ．①成功心理—通俗读物
Ⅳ．①B848.4-49

　　中国版本图书馆 CIP 数据核字（2014）第 185299 号

责任编辑：陈昌财

出版发行　中国言实出版社
　　　地　　址：北京市朝阳区北苑路 180 号加利大厦 5 号楼 105 室
　　　邮　　编：100101
　　　编辑部：北京市西城区百万庄路甲 16 号五层
　　　邮　　编：100037
　　　电　　话：64924853（总编室）　64924716（发行部）
　　　网　　址：www. zgyscbs. cn
　　　E-mail：yanshicbs@126. com
经　　销　新华书店
印　　刷　北京市玖仁伟业印刷有限公司
版　　次　2014 年 10 月第 1 版　　2014 年 10 月第 1 次印刷
规　　格　787 毫米×1092 毫米　　1/16　　15 印张
字　　数　183 千字
定　　价　30.00 元　　　ISBN 978-7-5171-0719-4

前　言

人生的成败由什么决定？命运到底由谁掌握？

一个心情烦乱的年轻人满怀困惑地去拜访禅师。他问禅师："您说真有命运吗？"禅师并没有回答，而是让他伸出左手，然后指给他看："这条斜线叫作事业线，这条横线叫作爱情线，这条竖线叫作生命线。"接着禅师又让他左手慢慢地握起来，说："看，命运就在你手中，静下心来，调整好你的情绪和心态吧！"年轻人恍然大悟。

命运就在我们手里，自己不努力，岂能怪命运？

人生不可能一帆风顺，有顺境也有逆境，有巅峰也有谷底，有成功也有失败，有快乐也有烦恼。到底什么样的人生才是成功的人生？每个人都有自己的标准，但是有一点是明确的，那就是成功的人生都有其共同的特征——看淡生活的起起落落，勇敢接受现实，坦然地面对生活，拥有一颗平常心。这样人生才是成功的人生。

在人生旅程中，我们无非在做三件事，一是愿意做的事，二是不愿意做的事，三是必须做的事。如何做好这三件事，就是人生成败的关键，每个人都不例外。无论在哪种特定的环境里，人们都还有一种最后的自由，就是选择正确的心态。有些人不管拥有多少东西，都觉得生活充满烦恼，他们抱怨现在的境况是别人造成的，他们因自己无法改变周围环境而无奈。其实，他们败在不会调节自己的心态。

心态，才是决定人生成败的关键。我们不能延长生命的长度，但可以丰富它的宽度；不能改变天气，但可以左右自己的情绪；不可以控制环境，但可以调整自己的心态。

别败在不会调节心态上。从现在开始，我们需要了解我们的心态，引导它向正面的、积极的方面发展。

怎样培养自己的平常心？如何学会适时放弃？怎样为自己的心灵松绑？怎样应对人生的挫折？怎样远离生活的小烦恼？如何让自己快乐起来？

本书将对这些问题一一进行解答。本书分为"说说心态""心态调节""心态修炼"三部分，以丰富的案例，让你意识到心态调节的重要性，学会管理自己的情绪，不断在生活中修炼自己的心态，让人生赢在心态上。

也许你经常因发脾气而自责，也许你看不到生活中的美丽，也许你觉得目标那么遥远自己活得很累，也许你因为一次又一次的挫折逐渐失去对生活的信心……

这些都没关系，只要你积极关注自己的心态，进而科学正确地调节自己的心态，你就能战胜自己，拥有崭新的自我，赢得美丽人生。

目 录

第一部分
说说心态：你的生活品质和健康由它决定

一位伟人说："要么你去驾驭生命，要么由生命驾驭你。你的心态决定谁是坐骑，谁是骑师。"心态决定人生的方向，心态决定生命的质量。一个好的心态，可以使你乐观豁达；一个好的心态，可以使你战胜苦难；一个好的心态，可以使你过上真正快乐的生活。但是，你了解你的心态吗？你知道心态是怎样一步步操控你的吗？你会运用心态洞察周围的世界吗？与心态进行一场深度对话吧，了解心态在身体上表现的小信号，看一看我们的心态是由什么决定的，从而调节自己的心态，做心态的主人，提高我们的生活品质。

第二部分
心态调节：掌握人生先从掌握情绪开始

为什么坏情绪总是左右我们？为什么我们的心态经常失去平衡？为什么许多不愉快积压在心上？这是因为你还没有学会情绪管理，任凭消极的情绪占据主导地位，让心灵堆满情绪垃圾。智慧可以打开快乐的源泉，情绪管理就是用正确的方式探索自己的情绪，然后调整自己的情绪、理解自己的情绪、放松自己的情绪。在日常生活中学一学控制心态、平衡心态，缓解不良情绪，为心态进行一次排毒，我们就会找回失去的快乐和幸福。

第三部分
心态修炼：成为别人愿意接近的魅力达人

怎样让自己成为魅力达人？怎样让自己拥有强大的心态正能量？我们需要做的是修炼自己的心态。用自信收获内心安全感，学会在独处中自省，乐观面对一切，不计较，不抱怨，知足常乐……一切健康的心态都需要慢慢修炼。换一个角度看问题，从点点滴滴做起，树立积极的信念，在这个过程中，我们会慢慢懂得宽容、感恩、不抱怨的真谛，我们将会在未来发现最美好的自己，成就幸福快乐的人生。

第一部分
说说心态：你的生活品质和健康由它决定

一位伟人说："要么你去驾驭生命，要么由生命驾驭你。你的心态决定谁是坐骑，谁是骑师。"心态决定人生的方向，心态决定生命的质量。一个好的心态，可以使你乐观豁达；一个好的心态，可以使你战胜苦难；一个好的心态，可以使你过上真正快乐的生活。但是，你了解你的心态吗？你知道心态是怎样一步步操控你的吗？你会运用心态洞察周围的世界吗？与心态进行一场深度对话吧，了解心态在身体上表现的小信号，看一看我们的心态是由什么决定的，从而调节自己的心态，做心态的主人，提高我们的生活品质。

第一章
心态是怎样一步步操控了你

"所有的事情都糟透了"——无处不在的悲观

我们周围总有几个这样的人——他们把抱怨挂在嘴边，对所有的事情都不满意，凡事不能从积极的方面考虑，杞人忧天而且传染扩散消极情绪……这样的人就是典型的悲观主义者。

人生在世，不如意的事情十之八九，偶尔产生悲观心态是十分正常的，但是时时抱怨，事事抱怨，并成为一种常态，不仅解决不了问题，还会影响你对生活的正确判断，影响你的人际关系，进而阻碍你的发展。

张莉在某网络公司工作有三年时间了，一直非常努力，深得领导信任，但是在升职的关键时候，却因为休产假失去了非常重要的机会。休完产假后，她变得消极悲观，常常觉得自己怀才不遇，对工作有诸多不满。她每天都在抱怨，对小组内的工作提案经常泼冷水，却又提不出更好的建议；公司组织的活动，她从不积极参加，还对积极参加的同事冷嘲热讽；偶尔聚会，她也是大提意见，公司这个不好那个不好。渐渐地，公司很多同事都对她敬而远之，因为经常听她抱怨，没有心情工作。后来领导也觉察到她的变化，对她也不再那么信任。

像张莉这样有工作能力又有工作经验的人，仅仅因为悲观心态就被"打入冷宫"，确实有点遗憾，不懂得调节心态，真的贻害无穷。

悲观心态的负面影响主要体现在以下几个方面：

首先，悲观的人总是充满担忧，看到的都是糟糕的一面，总是寻找别人以及周围事物的缺点，不愿看其中的可能性，往往会失去事业发展的机会。

其次，悲观的人害怕做决定，害怕失败，不愿把握住机会去尝试新的事物，从而缺乏自信，做事也往往遭遇失败。

再次，人们都不喜欢和爱抱怨的人交往，因为消极情绪会让周围的人感到不快。所以，悲观的人人缘很差，朋友也很少。

最后，就算你事业成功、家庭幸福，悲观心态也会让你失去幸福感而陷入抱怨的泥潭，长期下去，对心理、生理健康肯定是有影响的。

在生活、工作中，千万不要小瞧了悲观心态的消极作用，因为它会渐渐地吞噬掉你的热情，成为你工作或生活迈上健康轨道的障碍。

老张和老李是好朋友，两人性格一个乐观一个悲观。有一天，两人一起在一家餐馆吃饭，他们要的饭菜一样，两人都先吃自己最喜欢吃的，结果老李越吃越不高兴，而老张越吃越高兴。为什么呢？老张说，我先吃自己喜欢吃的，而每次吃的，均是我最喜欢吃的，所以越吃越爱吃。老李说，我也是先吃自己最喜欢吃的，因为我将喜欢吃的先吃了，剩下的均是我不爱吃的，所以越来越不好吃。

同样一件事，在乐观的人看来是值得高兴的，充满快乐的；而在悲观的人看来却是糟糕的，毫无乐趣的。这个例子就很形象地说明了乐观和悲观两者的区别。其实同样的境况，同样的遭遇，乐观的人要比悲观的人活得更幸福更轻松。因为乐观的人凡事往好的方面想，而悲观的人爱吹毛求疵，从而把精力浪费在抱怨上。进一步说，悲观的人比乐观的人会经历更多的失望，逐渐变得不再自信，生活也会变得一团糟。

那么应该怎样调节悲观心态呢？我们不妨试试下面的方法。

其一：远离消极悲观的人。如果你有爱抱怨的朋友或同事，就尽量减少和他们的接触，不听他们的各种唠叨，更不要被他们的消极情绪影响。

其二：多和乐观者交往。多吸收积极乐观的思想，可以让自己变得更积极更乐观，即使你萌生了消极思想，经过他们的开导也会变得乐观起来。

其三：要笑口常开。笑可以宣泄不良情绪，对人的身体健康、心理健康有十分积极的影响，所以让我们笑对人生。

其四：做心胸开朗、对人宽容的人。心胸狭窄的人，事事苛求，难免看什么都不顺眼，不如学着"大事要认真，小事不计较"，难得糊涂。

当悲观心态成为一种习惯，即使在你面前出现好机会，你也看不到，抓不着，生活中处处都是障碍，难以打造成功的人生。还在等什么，你应该迅速调节心态，让乐观的心态积极地导引你的人生，让你走在成功、幸福的道路上。

"心情莫名很低落"——反反复复的情绪化

我们经常听到"感情用事"这个词，感情用事的人言行举止都带着强烈的感情色彩，不考虑实际情况，一厢情愿做事情，对人持有偏见，一遇抵触便走极端，或硬拼蛮干，往往会铸成大错。感情用事就是一种不健康的心态在作怪——情绪化。

小咪在职场摸爬滚打五六年，做什么工作都难有起色。在工作中，遇到各种各样难以解决的问题时，她往往是大哭一场，哭得同事与领导手足无措，但是哭过之后发现这并不能解决任何问题，自己仍然要硬着头皮去解决；有时她还会把"姐这几天心情不好"挂在嘴边，对工作挑挑拣拣。几次跳槽，都是因为她觉得不顺心了，一冲动就潇洒地走人了，跳槽经历与实际年龄和能力都不符合，每每面试都遭到用人单位质疑。跳了很多次后，她仍然找不到自己的定位。

案例中的小咪在工作中也付出了努力与艰辛，但是还是难有起色，和她的情绪化有很大关系。

情绪对人的事业、生活与健康都有着十分重要的影响。正常的情绪变化可以发泄不良情绪，疏解心情；而不正常的情绪变化可能会导致心理疾病。

不正常的心理变化有这样的特点：

其一：行为具有无理智性，"跟着感觉走""跟着情绪走"，行为缺乏独立思考。

其二：行为具有冲动性，一遇什么不顺意的或不称心的事，就会立即爆发出来，往往带来某种破坏性后果。

其三：行为具有不稳定性，喜怒哀乐，变化无常，给人一种捉摸不定的感觉。

其四：行为具有攻击性，很容易将自己的不良情绪表现出来，向他人进攻。

情绪化的危害是非常大的，害人害己，还会影响工作和人际关系。

比如，在感情强烈冲动的情况下，做出缺乏理智的行动，成为以后的隐患，甚至造成人际关系的破坏或财物的损伤。另外，情绪化的人在商场上决策时不够理性，易失去很多良好的机会，容易掉入对手的陷阱。

某家公司到美国去采购成套设备，派遣了一个谈判小组。谈判小组成员因为路上堵车，他们到达谈判地点时比预定时间晚了 45 分钟。美方代表对这件事非常不满，一直指责小组代表不遵守时间，不讲信用，难以合作。谈判小组成员面对指责无话可说，小组代表也情绪低落。谈判开始以后，美方代表一下子占了上风，咄咄逼人。在小组代表情绪的影响下，谈判小组手足无措，说话处处被动，无心与美方代表讨价还价，对美方提出的许多要求也没有静下心来认真考虑，匆匆忙忙就签订了合同。等到合同签订以后，小组代表平静下来，才发现自己吃了大亏。

在商业谈判中，情绪化是十分不利的。案例中谈判小组组长的低落情绪影响了整个小组，难以理智判断，失去了谈判的先机，最后吃了大亏。由此可见，情绪化的负面影响是很大的。

以下几招可以帮助你战胜情绪化：

其一：调动理智控制自己的情绪，使自己冷静下来。在遇到低落情绪或者较强的情绪刺激时，应强迫自己冷静下来，迅速分析一下事情的前因后果，再采取适当措施，尽量使自己不陷入冲动鲁莽、简单轻率的被动局面。

其二：转移注意力。假如遇到令自己愤怒的事，很难一下子冷静下来，应及时采取暗示、转移注意力等方法鼓励自己克制，转而去做一些简单的事情，或去一个安静平和的环境转换一下心情。

其三：平时可进行一些有针对性的训练，比如可以结合自己的兴趣爱好，选择几项需要静心、细心和耐心的事情做，如练字、绘画等，不仅陶冶性情，还可丰富业余生活。

其四：学会深呼吸。情绪紧张或失落时，不妨做一下深呼吸，有助于舒解压力、消除焦虑与紧张，从而战胜情绪化的不良影响。

在当今时代，对自身情绪的控制与调节能力成为衡量现代人素质的重要标志。要想拥有成功的人生，关键是学会管理自己的情绪，了解自己的情绪，控制自己的情绪，营造良好的人际关系。

"不买到这件东西就难过"——无法根治的购物瘾

张柏芝在电影《天生购物狂》中演了一个为了购物丢掉工作、刷爆信用卡的教师。有一次，她带着不同国籍的学生到商场进行活动教学，看到心头所好，购物欲顿时失控，扔下学生忘我地购物。女主人公被家长们控告，但是她虽然官司缠身仍不忘购物，为出庭应讯而买新衣服，法官发觉她购物成狂，建议她去看精神科医生……

电影中的情节都有一些夸张的成分，很少有人达到"购物成狂"的地步，但是"不买件东西就难过"的购物瘾很多人都有。

消费、购物是都市生活的重要组成部分，生活中也确实有很多东西需要买，但这些都有一个"度"的限制。超过这个度，难以控制自己的购物欲望，买一堆不实用甚至没用的东西，就变成一种不健康的心理。如果你见到喜欢的东西就买，买完了又后悔和自责，但是接下来又投入到了下一轮购物战斗中……长此以往，你的财务状况会变得越来越糟，甚至影响到家庭和睦、事业发展，你这时迫切需要调节自己的心态，战胜购物瘾。

购物瘾形成的内在原因是人对商品的占有欲，外在原因可能是缓解压力的各种需要，如工作的压力、家庭的困境导致的负面情绪，让购物成了宣泄通道。比如，许多白领女性把逛街购物当作一种休闲娱乐的方式，有的还沉溺于网络购物，跟风"团购"，容易被广告误导，进入不理性消费的行列。

购物瘾也分很多种，有的是缺乏自制力的冲动消费型，有的是沉溺上瘾的过度消费型，有的是轻信广告的被动消费型，有的是减轻空虚感的逃避消费型，有的是贪图便宜的大量购买型……不同类型都有一个共同点，就是想方设法把钱花出去，并找各种理由说服自己——"这件衣服真划算，买到就是赚到"，"钓鱼竿虽然现在用不到，明年退休就用到了"，"这么便宜，买了送人也行呀"……一时的满足，花的是小钱看起来微不足道，但是积攒起来对生活贻害无穷。

首先，一时控制不住自己的购物冲动，事后却陷入后悔、自责等负面情绪，给生活带来不良影响。

其次，购物的花销通常会超出实际经济能力，刷爆信用卡，财务出现各种状况。

最后，因经济入不敷出又不听劝告，常常与家人起冲突，影响了家庭和谐。

江小姐是典型的"购物狂"，一进商场就丧失理智，陷入"随手买"的状态不可自拔，然而买回来的东西不管当时多么喜欢，不久就被她打入冷宫。她每月工资不到月底就被全部花光，钱不够了刷与丈夫工资卡挂钩的信用卡。某月丈夫看到信用卡离谱的账单非常吃惊，因为江小姐买的稀奇古怪的玩意他连听说都没听说过。丈夫找江小姐谈，说自己工作压力很大，还要还房贷，这样消费下去实在承担不起。江小姐一时气不过回娘家住了，从此两人陷入冷战的状态。江小姐也感到后悔，但是总觉得一购物"就像着了魔一样，难以自拔"。

江小姐为了购物牺牲自己的家庭幸福，实在是太不值了，如果不及时调整心态，幸福就葬送在购物瘾上了。无"瘾"的人生才是幸福人生，只有调节心态，才能把幸福人生掌握在自己手里。

戒除购物瘾，以下一些方法可以参考：

方法一：找到其他缓解压力的方法。如果你觉得购物能缓解压力，就先分析一下压力的来源，寻找除购物外的缓解压力的方法。比如，增进与周围朋友的沟通，可以排解焦虑和困惑；向家人倾诉，寻求帮助和支持，疏解压力；还可以找个无人的地方大叫，也缓解压力。

方法二：转移注意力。如果生活变得充实，每天都有很多自己喜欢的事情做，就会确立自信，无暇思考购物问题。比如参加体育锻炼，改善身体素质；出去旅游，结交更多的朋友；发展一项业余爱好，提升个人素养……与周围人的互动交流，可以转移对购物的注意力。

方法三：制定购物和财务计划。指定自己信任的家人作为"监督员"，制定可行的购物计划，完成一个阶段的计划再去制定下一个计划。

方法四：注销信用卡，有固定收入的银行卡交给亲人保管，出门仅带数量有限的现金。购物者还可以选择结伴出行的方式，让身边的人监督自己的消费。

当你意识到自己购物"上瘾"了，要积极地分析原因，选择合理的释压方法，戒掉"购物瘾"，做一个心理健康的人，把幸福牢牢抓在手中。

"全世界都抛弃了我"——挥之不去的失恋痛苦

如果在论坛里抛出"失恋"这个话题，几乎所有人都有话说，70后、80后、90后，甚至00后，谁没有青春年少过？谁没有点感情的波折？失恋，当时也许觉得天塌地陷，但是真正走过那段时光，就会觉得云淡风轻，一切经历皆是收获。

失恋了，随即陷入难以自拔的痛苦，甚至觉得"全世界都抛弃了我"，是一种偏激的想法，这种偏激的想法如果得不到及时纠正，就难以战胜痛苦，难以在失恋中成长。所以失恋并不可怕，可怕的是你在失恋后产生的不健康的心态。

一个女孩在论坛上倾诉自己失恋的痛苦：开始谈恋爱时只有16岁，那时他妈妈不喜欢我，但是我们坚持下来。我读大学，他只是高中毕业，大学毕业后，我们还是恋爱关系。有一次我们闹别扭，他说他想冷静几天，后来打电话给我说分手。我同意了，但我心里并没有放弃，我一直认为他最终还会来找我。没想到他相亲了，有了新的女朋友，我要求和好，他坚决不答应。心里痛得都晕过去了，相恋十几年了，别人都说我学历高，能找到更好的，但是为什么他就那样看不上我。我真的那么差吗？我不知道该怎么办了，好难受，想到了死。

这个女孩很优秀，失恋后产生一种受害者心态，觉得失去对方的爱情就失去了一切，所以才会想到死。如果不转变心态，尽快走出阴影，对其人生会产生很大的负面影响。

失恋后，有的人自怨自艾、失去自信，觉得自己一文不值，什么也不好；有的人不从自己身上找原因，一直追究对方的责任，甚至不惜纠缠对方；有的人把失望的情绪转嫁到工作、生活方面，觉得人生处处不如意；有的人产生仇视心理，从而报复对方、攻击对方……不健康的心态让你陷入失恋的痛苦中不能自拔，会影响你正常的生活，使你难以接受新的感情。

失恋是恋爱过程中难以避免的，我们来看看一些名人是怎样对待失恋的：

大音乐家贝多芬31岁时，生活十分贫苦，无法娶心爱的姑娘，眼睁睁看着对方嫁给别人了，他十分痛苦，甚至写下遗嘱准备自杀。但是心爱的音乐给了他活下去的勇气，他从音乐中寻到了安慰，全身心投入创作，不久就创作出"第二交响乐"。36岁之后，他又遭遇了一次失恋的打击，为了摆脱失恋的痛苦，他决心为事业奋斗，接连创作出"第七交响曲""第八交响曲""第九交响曲"等作品。

科学家居里夫人的初恋对象是做家庭教师时那家主人的大儿子卡西密尔，但是对方父母极力反对，漂亮英俊的卡西密尔也宣布与她断交，这段恋情就这样结束了。遭受了失恋的痛苦后，居里夫人把全部的精力用于科学研究，跳出了失恋的深渊，踏上了科学大道，并最终找到了志同道合的爱人。

不管是贝多芬还是居里夫人，都是普通人，遭受失恋的打击也难免会陷入痛苦之中，但是他们能寻找到正确的途径排解痛苦，成就了自己的人生，当初失恋的经历成为他们人生中必不可少的经历。

要战胜失恋的痛苦，不妨试着这么做：

方法一：找一个倾诉对象。恋爱时忽视的朋友，这时也许能帮到你。陷入失恋的痛苦后，不妨约三五好友，一起聚餐、唱歌、看电影，恢复到单身世界，把自己的烦恼和不顺心的事情讲给朋友听。当然要选择那些头脑冷静、善解人意的朋友倾诉，不然的话还会起到反作用，让你越倾诉越烦。

方法二：来一场期待已久的旅行。你心中一定有一个心仪已久的旅行地点，既然结束了一段感情，不妨给自己放个小假，到大自然中去，尽情享受大海、草原、高山的美丽景色。良好的空气质量和宁静的环境，可以调节新陈代谢，帮助你让心情平静下来，慢慢愈合伤口。

方法三：读书、听音乐，享受自己的独处时光。书籍是人类智慧的凝结，读一些自己感兴趣的书，也许是轻松愉快的，也许是深刻沉重的，当你对一本好书爱不释手时，尘世间的一切烦恼都不再重要。音乐可以跨越时间和空间，听轻松愉快的音乐会帮助你忘记烦恼。

方法四：假如以上方法都不能让你战胜痛苦，那就按部就班地过好每天的生活，把忘却的任务交给时间。时间会让你结识新的朋友，邂逅新的爱情，帮助你忘记烦恼、忘记忧愁、忘记苦涩、忘记他人对你的伤害。

人生的道路是曲折坎坷的，爱情也不会一帆风顺，既然分手了，不管是什么原因，都说明对方不是你命中注定的那个人，又何必太在意呢？一切痛苦都是由心产生的，失恋了，允许自己经历短暂的痛苦，但是不能放任自己陷入痛苦的深渊。人生短暂，万事想得开、放得下，才能拥有一份平常心，拥有真正属于自己的爱情，快快乐乐地过一生。

"我害怕自己一个人"——令人沮丧的孤独症

对于群居的社会人来说，孤独是可怕的，大部分人或多或少有这样的感觉——想有人一起吃饭；无助时希望有人陪伴在自己身边；参加一个比赛，希望有同事、朋友一起参加；去旅行总想找一个伴；希望在陌生的地方碰到熟悉的人……一些成年人都有难以启齿的想法，就是：我害怕自己一个人。

一个女孩在网上心理咨询室向心理医生咨询：我以前就很畏惧自己一个人，不管出门或是做其他的事情，都希望有人陪着我。从今年开始，这种感觉越来越强烈，除非有人陪，不然我绝不会轻易出门，就连坐车去某个地方我都想要人陪，不然的话我就会非常的畏惧。有时候一想到自己要一个人出门，就会很烦躁，父母不理解，经常训斥我，我自己也不知道怎么办。请问我这是什么情况，要怎样克服？

这个女孩最初的表现是很轻微的，因为没有及时调节，变得越来越严重了，成为一种心理疾病。

害怕一个人的心态如不及时调整，就会对人生产生一些消极的影响，比如不敢做更多尝试；不能积极地抓住机会；不能独自面对困境，进而对人产生依赖……还有一些人，在遭遇情感失败后，乍一接触孤独，就不断逃避、闪躲，脑海中依然是曾经的景象，把自己关在痛苦的牢笼里。

其实，在工作中独当一面的人，才能更容易获得成功；在生活上有明确规范且能独立实施的人，才能把握美好生活。这些都需要你尽快转变心态，习惯并接受一时的孤独，在孤独中成长，成为一个强大的、独立的个体。

在电影《荒岛余生》中，主人公查克是联邦快递的系统工程师，不论生活还是工作都讲求精准效率，事业非常成功，但是感情生活很糟糕。在一次出差的旅程中，查克搭的小飞机失事，他被困在一座无人荒岛。查克除了要战胜资源贫乏的困境外，还要战胜难以忍受的孤独。在这个过程中，生活唯一的目的就是求生，他的人生观反而逐渐有所转变。当他逐渐接受了孤独，便开始反思人生的目的，最后对于工作、感情，甚至生命本身都有了全新的体会和领悟。

查克被迫在孤岛上生存，当孤独袭来恐惧万分却无路可逃，只有慢慢接纳孤独，才变得无所不能起来。由此我们看出，处理孤独的办法就是承认它的存在，并愿意和它共存。换句话说，就是当自己独自去面对一件事时，学会接受它、习惯它，并从中获益。

每个人都或多或少地体验过孤独感，有孤独感并不可怕，我们要学会调节自己的心态，以免变得性情孤僻古怪甚至成为孤独症。应该怎样调节自己的心态呢？

方法一：让自己的生活充实起来。一个人的时候，多给自己安排一些事情，看书、听音乐、看韩剧、进行体育锻炼都可，用自己喜欢的事情让自己忙碌起来。

方法二：结交更多的朋友，每天拿出时间去接触他人，要培养自己对他人生活和事件的兴趣，这样能让自己渐渐走出封闭的生活，对外部世界充满好奇。

方法三：每天帮助他人做一件事情，让自己感到被别人需要。被需要的感觉可以帮助你消除孤独感，即使你是一个人，也会觉得自己被很多人关注。

方法四：多参加集体活动，成为集体中的一员，和他人一起分享快乐，一起分担责任和痛苦。你一旦鼓足勇气去参加一个活动，就会发现你不再是一个人。

独处有很多好处，它能使我们静下心来认真思考自己的人生，进行深刻的自我反省，从而发挥主动精神，成为一个独立的、强大的个体和与众不同的人。认识到独处的好处，从自己身上获取战胜孤独的力量，你就会变得越来越强大，不再惧怕自己一个人做什么事情。

"不要让我当众讲话"——如影随形的自卑情结

没有人是十全十美的，自己检视自身，总有一些地方不够完美，于是会产生这样的想法——"我长得太胖""我说话有点结巴""我家庭条件不好，没有那么多零花钱""我的工作比别人的都差"……偶尔产生的自卑感，可以成为改变现状、不断前进的动力，但是这种自卑感如被不断地放大，成为一种心态，就会对人生产生负面影响。

小陈是上海某重点大学一名二年级的学生，进入大学后，他一直很自卑，因为他父母都是农民，家境贫寒。他在中学时成绩拔尖，深受老师和同学的喜爱，自己也忽视了家庭的贫困。来到上海后，他为了掩饰自己的贫困借了不少钱，为了还债拼命打工，学习成绩也受到影响。他还曾想了许多办法来提升自己的素质，比如参加社团、看书、考证书等，但自卑的情结如影随形，觉得自己做什么都脱离不了贫穷，以后走不出社会底层。带着这种情绪，他做事往往半途而废，经常抱怨，朋友也很少。

从农村到城市，环境的改变让小陈难以适应，没有对自己全面的了解，莫名地担心未来，让他形成了严重的自卑情结，总觉得自己"不如人"。不会调节心态，未来的人生他也会一败涂地。

自卑情结的负面影响很大，首先导致心情压抑，不敢尝试，不敢表达，就会失去更多的机会，从而影响到心情，让生活变得一团糟；其次，很多肠胃不适、身体疲劳都是因为压抑的心情引起的，如果不关注可能会加重亚健康的症状，小病变成大病；再次，可能会导致人际关系紧张，因为自卑的人会觉得自己不如人，往往不愿意与人交往，养成孤僻的性格。另外，自卑的人在感情上也往往是失败者，难以收获幸福的婚姻。

自卑的客观原因有很多，比如家庭出身、长相等等，看起来是无法改变的，但是我们可以通过自身的努力改变客观条件，看到自己的不足然后努力弥补，成长为一个自信的人。

小米是一个普通的上海姑娘，家境很普通，小米的同学大都家境富有，但是小米一直都比较自信。因为从小她的父母省吃俭用也要把她打扮得体，还让她学习唱歌跳舞、琴棋书画。母亲经常对她讲，家境不能决定她的素养，不管在什么情况下，都要保持自信。在这种家庭环境下，小米性格开朗大方，多才多艺，有很多朋友，在朋友中也非常自信。后来，小米交往了一个出身欧洲移民家庭的男朋友，家世显赫，对方家庭看到女孩会琴棋书画而且落落大方，非常喜欢她。出身普通家庭的小米就这样在别人美慕的目光中"嫁入豪门"。

小米出身虽然普通，但是多才多艺，充满自信，与人交往落落大方，自然讨人喜欢。由此可见，主观努力是可以改变客观条件的。大胆地秀出自己，不要觉得自己不如人。

那么自卑的朋友该怎么战胜自卑心态呢？

首先，要全面了解自己，正确评价自己。你不妨将自己的兴趣、爱好、能力和特长全部列出来，不要忽略任何一个细节，然后再和周围的人比较一下。通过全面、辩证的评价，你会看清自身情况和外部世界，认识到凡人都不可能是十全十美的，对自己的弱项和遭到的失败不再那么在乎，以积极态度面对现实，就会变得越来越自信。

其次，注重自身修炼，让自己变得更优秀。觉得自己不够漂亮，就多关注穿衣打扮，女孩学化淡妆，让自己更加自信；觉得自己知识贫乏，就不断充电，多读书，多培训，提升个人能力。这是自信的基础。

再次，转移注意力。不要老关注自己的弱项和失败，而应将注意力和精力转移到自己最感兴趣、也最擅长的事情上去，从中获得乐趣与成就感，驱散自卑的阴影，缓解心理压力和紧张。

最后，用行动证明自己的能力与价值。你可先选择一件自己较有把握的事情去做，做成之后，再去找一个目标。这样，你可不断收获成功的喜悦，又在成功的喜悦中不断走向更高的目标。每一次成功都将强化你的自信心，弱化你的自卑感。

一个人拥有了自信，待人接物就会得体合宜，处理事情不会拖泥带水，有自己的主见，容易获得别人尊重。别败在不会调节心态，从现在开始努力，相信自己是唯一的、无人可以替代的，让人生变得更加美丽精彩！

"我不想认识新朋友"——摆脱不掉的社交恐惧

社交，是现代生活中不可缺少的活动。当你来到一个有陌生人的场合时，会觉得难为情，莫名其妙地开始出汗，感到恐慌焦虑，不知说什么好，直到离开才会浑身轻松，随即你会下结论说："我不想结识新朋友，我觉得在自己熟悉的世界很好。"那你有可能患上了社交恐惧症。

社交恐惧具体表现为不敢与人交往，不能胜任与人打交道的工作，愿意从事单独性工作；在公众场合，如茶话会、歌舞会、见面会，独自面对陌生人时，会感到恐慌、紧张；怕与别人面对面地交流，或者即便交流了，效果也不佳……产生社交恐惧，如不从心理上进行纠正，就会从普通的胆怯发展到偏执，有的人还会脸红、心跳加速、失眠等。内向的孩子在青春期过程中如果不注意调整心理状态，会发展成社交恐惧症，这与父母的过度保护或不断指责有关。长大后他们害怕在别人心里留下不好的印象，于是胆小、谨小慎微，生怕说错话被人取笑，也不敢与人交往。

珊珊硕士毕业后加盟某外企企划部，成为职场新人，在公司的年终Party即将到来时，她专门请教资深同事该怎么准备，却没有人告诉她应该怎么穿衣打扮。于是她决定打扮得清新些，用白衬衣搭配牛仔裤。结果到了那天，她才发现自己是最糠的。因为所有同事都穿了精心挑选的礼服，配上光彩的首饰，她的装扮被人误以为是服务生。珊珊只有躲在角落里拼命灌饮料，或者去洗手间透透气。后来一想到这件事，她就自信全无，即使下一次年终 party 她也穿上了礼服，但是总是想起第一次不愉快的经历，躲在一个角落，不敢与陌生人打招呼，也影响了她在上司眼中的形象。

珊珊的社交恐惧，来自一次偶然的经历，其实只要她静下心来想一想，转变一下思维，就会轻松迈过这个门槛。

人人都有可能产生社交恐惧，这与个人性格、家庭环境、童年经历、所受教育有着密不可分的关系。有的人天生就是"自来熟"，和谁都能谈得来；有的人天生就不喜欢交往，对社交活动无所适从。但是在主观上，只要能转变心态，是可以战胜社交恐惧的。

你可以试着这样做：

其一：先让自己自信起来。有时你的羞怯不完全因为紧张，也许你自我感觉不好，缺乏自信。你可以经常读书看报，开拓自己的视野，丰富自己的阅历，这样在社交场合可以和别人有话可说，同时建立自信。

其二：选择让自己放松的方式参加聚会。不管是正式还是非正式的聚会，都不必模仿别人谈笑风生，可以先找自己觉得亲切的人交谈，获得一种安全感，让自己渐渐放松下来。

其三：学会毫无畏惧地看着别人。对于一位害羞的人，这样做开始比较困难，但你若一直回避别人的视线，就会难以适应社交场合。拿出点勇气来，大胆而自信地看着对方。

其四：寻求一个榜样，努力向他学习。这个榜样可能存在于书本里，也可能存在于现实世界，只要你肯正视自己的内心，并努力弥补自己的弱项，战胜社交恐惧不是什么难事。

著名的主持人华少在《梦想，不过是个痛快的决定》一书中谈到自己战胜社交恐惧症的经历：

成为主持人，可能最吃惊的要数我的家人。小时候的我，性格与如今大相径庭，不仅极其内向，见了陌生人还会害怕，几乎到了能不说话就不开口的地步……我对说话这件事产生特别的兴趣，是从第一届国际大专辩论赛开始的。不用说，我坐在电视前直直地盯着画面的一幕，肯定被父亲看在了眼里。他对我的这种爱好很是鼓励，还在辩论赛结束后给我买了本《狮城舌战》。我至今还清楚地记得那本书的模样：封面上不但有彩色的图案，还印着新加坡的石狮标志，而主书名是清爽的四个大字——狮城舌战……初秋9月，开学升了初中。由于这次远行和大专辩论赛的影响，我一改小学时的内敛，变得活跃了很多。尤其是对于辩论赛的热情，相较之前有过之而无不及，以至于在初中第一个学年，我就迫不及待地组织了一场小型辩论赛。

这样一位知名主持人也有社交恐惧的经历，说明只要你肯改变心态，做出有益尝试，也能像他一样获得成功。

其实，要克服社交恐惧症，首先要战胜的是自己。在这个世界上，每个人都有不足之处，不要无限夸大别人的优点，扩大自己的缺点。在社交中，不必仰望别人，只要努力，你也可以很优秀。只有这样，你才能克服自卑心理，增加交往的欲望，获得更多的朋友。

"一会儿再做也来得及"——总是捣乱的拖延症

所有人都知道拖拉不好，但是总是在不知不觉中犯同样的错误。你是不是也经常这样告诉自己：我明天再做它，反正明天有很多时间；下午再写吧，晚上发他邮箱也不迟；好不容易周末了，我还是先休息一下吧，事情周一再说……就这样，今天的事情推明天，明天的事情推后天，后天又有一堆事情要做，然后大大小小的事情堆成堆。网上流传这样一个笑话：

今晚又要开工了，我得做好准备，从傍晚就开始酝酿感情。先吃了一碟瓜子、一只鸡爪、一块巧克力，喝一杯酸奶，喝一杯咖啡。然后回到房间，沐浴更衣后开始护肤，擦一遍爽肤水，擦两遍润肤露。接着往房间里喷一点香水，泡了一壶玫瑰花茶，跟朋友聊天 20 分钟诉说一下今日的心情。一切准备就绪，打开空白 word 文档，闭上眼睛深吸一口气，感觉灵台空明、心平如镜。然后，我就睡着了……

笑话虽然夸张，但是反映了现代人典型的拖延症表现。拖延症看起来不是什么大事情，但是不转变心态，任由它发展，会给生活带来无穷无尽的麻烦。比如，信用卡账单一定要拖到最后一天才发现还没还，如果没时间办理，就成为信用污点；堆成小山的脏衣服想洗却一直没动手，到约会的时候才发现没有衣服可穿；明知领导留的作业马上要交，却还在刷微博、看视频或者网购，直到最后一刻才开始工作，效果可想而知。

在生活上拖延，让别人觉得你不靠谱，难深交；在工作上拖延，会害你错过机遇，经常加班加点，工作压力大，事业发展受阻。

张军是名校研究生，毕业后进入一家工程设计公司。领导很器重，常常给他一些比较重要的设计任务，但是他上学时就养成的拖延的习惯一直改不了，任何任务都是拖到最后一刻完成。有几次甚至马上就要开会讨论了，他还在修改设计稿。领导忍不住批评他："早干嘛去了?"几次事情下来，领导知道了他的特点，不敢再给他重要的任务。工作几年了，他做的还是一些无关紧要的事情，比他学历低、入行晚的人都升职了，他还在原地踏步。

张军的例子正好证明了工作上的拖延会严重影响一个人的发展。

拖延症的形成和很多因素有关，比如，对未知事物恐惧，害怕失败，做事前会找一些其他的事情做来缓解压力；有的是完美主义，对环境要求过高，不达到一定的标准不去做；也有的就是懒惰在作怪。这些因素往深里分析，都是心态的问题。患了拖延症，别败在不会调节心态上。你可以试着这样做：

第一条：给自己制定完善的工作计划并找人监督。很多人拖拉是因为他们有太多的时间，所以总是有恃无恐地把事情拖到下一个时间。如果你在计划中注明 30 分钟内你要完成的工作，就要确保完成。但是你需要一个强大的监督者，这个监督者是你成功与否的关键性因素。

第二条：消除一切有可能干扰工作的因素。这需要你关掉聊天工具、电视、音乐，甚至可以关闭房门，排除一切细小的干扰，让你把全部的注意力都用在要做的事情上。

第三条：循序渐进，注重积累。有些任务，乍一看感觉是无法实现的，或是需要莫大的努力才能实现，你也不要一下子失去信心，觉得

"我现在不行，以后有能力了再做吧"，不如一步步来，先做能力范围之内的事情，坚持一段时间，你会发现你觉得很难的事情剩一步就完成了。

第四条：实在做不下去时，不如暂时放下手头的事情，静下心来想一想。有时候，你可能是因为不知道这件事怎么做才导致拖拉，因为每个人都有思路卡壳时候。这时你可以出去走走，梳理一下思路，奇思妙想也许一下子就出现了。

拖延症并不可怕，关键在于你有没有找到问题的症结，并积极地调节自己的心态。只要坚持下去，你一定能看到全新的自己。

"我要快把自己嫁出去"——不断作祟的"剩女"心态

"剩女"是个新兴词汇，原本指大龄单身或未婚女，后来被赋予了复杂丰富的含义。女人被称为"剩女"，就真的"被剩下"了吗？其实剩与不剩，关键看心态。

有的女人到了一定的年龄，看到周围的同学、朋友纷纷披上嫁衣，自己还是单身，怕父母催，怕亲戚朋友用异样的眼光打量，怕被人称为"老处女"，就会有一种"被剩下"的感觉，产生"剩女"心态。具体表现为没自信、想把自己快点嫁出去。在婚姻面前，女人着急了，就真的是"被剩下"了，不着急，那就是"胜女"，这是心态的差别。

剩女心态有什么危害呢？

首先，急于结婚，对结婚对象不加挑选，可能容易为婚姻不幸埋下苦果。

其次，不能坦然面对家人朋友，聚会时怕人问起结婚的问题。

再次，在生活中失去自信，对未来没有新的规划，陷入自怨自艾和封闭的状态。

玲玲已经30岁了，还是单身一人在北京打拼，春节前妈妈打来电话，叫她过年的时候务必带一个男朋友回家。男朋友不是说有就有的，当然难以完成任务了。春节时，玲玲惴惴不安地回家，面对七大姑八大姨的围攻，防线很快被攻破了，在父母安排下开始相亲，但是总是由于这样或者那样的原因成不了。玲玲父母诸多埋怨，玲玲自己也失去信心。回到北京后，有人介绍男朋友她也不愿意见，同学聚会也不参加，渐渐把自己封闭起来，非常害怕"剩女"这个词，变得郁郁寡欢。

失败的相亲经历、来自亲友的压力，都让玲玲产生"被剩下"的感觉。这种感觉被夸大，她开始觉得自己不如其他人，陷入自卑、后悔、封闭的状态。

这样的生活状态对于女人来说是十分糟糕的，要改变这种状态，就必须马上调整自己的心态。

一项网络调查显示，有三分之一的30多岁的单身女人不认为自己是"剩女"，她们一般更喜欢单身的自由和无束缚，不在乎别人的眼光，即使没有婚姻也觉得自己活得很幸福。这样的心态是值得我们学习的。

陶子经常说："男人这东西，有就摆一个，没有就算了"，认为单身没有什么不好，而且男人也不是那么重要。她挺享受自己的生活，平时工作，空闲时旅游，心情好时约几个姐妹逛街喝咖啡，心情不好宅在家里听音乐看电影。陶子身边也有很多男性朋友，但只是朋友，她觉得没有必要刻意追求婚姻和爱情，没有遇到对的人之前，绝对不会踏入婚姻，宁缺毋滥，对自己负责。她说："我不是剩女，是盛女。30岁的女人，不就是一朵盛开的花吗？"

陶子的心态与玲玲截然不同，把自己的生活打理得井井有条，还非常享受自己的生活，这不就是成功的人生吗？还在等什么，赶紧调节你的心态吧！

首先，保证自己有一份稳定的收入，经济独立，为自己的生活奠定经济基础。优雅的生活需要物质条件的支持，没有男人，你也可以过得非常自在轻松，就不会急着把自己嫁出去了。

其次，多参加社交活动，建立稳定的朋友圈。没有男朋友，没有婚姻，朋友就成为你最大的财富，和几个志同道合的朋友做共同喜欢的事情，会让你的生活更加精彩。

再次，提高个人素养，不断为自己充电。多读几本书，多学一门语言，这不仅有利于事业的发展，也让你获得前所未有的成就感。

最后，注重自己的形象。形象管理是每个大龄女性必须掌握的一门艺术，不管是不是把自己嫁出去了，都要把最美丽的形象展现给别人，因为说不准真命天子就在下一个拐弯处。

不管别人怎么议论你"被剩下"，你都要把自己的生活过得优雅美丽，外人的眼光对你来说并不重要，因为你从来不着急把自己嫁出去，你活得优雅从容、让人羡慕，那么你就是"盛女"，不会成为"剩女"。

第二章
跟心态来一场深度对话

知道吗，70%的肠胃病都是情绪惹的祸

假如有人问你："你了解自己的情绪吗？"也许你会觉得这个问题匪夷所思，情绪这种东西看不见摸不到，怎么去了解呢？你可能从来没有关注过自己的情绪，也不知道自己的恶劣情绪对身体有什么影响，所以忽视了身体时时发出的小信号。

李先生30岁，一直以来受莫名胃痛的困扰，本来研究生毕业后早就应该工作了，但他却只能在家里休养。李先生最早产生胃痛是在高三期间，随后，胃痛的感觉就一直伴随着他，而又查不出胃的严重病变。最近一段时间，李先生胃痛的症状越发剧烈了。他经常会感到一阵阵的胃部不适，伴随着胃胀和胃痉挛。去了多家医院做了胃镜后，也只能看出轻微的浅表性胃炎。后来医生告诉他因为中学期间压力很大，李先生的胃痛可能与焦虑和抑郁等"情绪"有关，随着年龄的增长，情绪没有

得到调整，所以胃痛一直伴随着他。

从李先生的经历可以看出，情绪对身体的影响是很大的。

消化系统是对情绪反应非常敏感的器官。人在恐惧或悲痛时，胃粘膜会变白，胃酸停止分泌，可引起消化不良；而在焦虑、愤怒、怨恨时，胃粘膜会充血，胃酸分泌增多，甚至导致胃溃疡。有医学研究证明，动物如果长期受焦虑、恐惧、不安、紧张等情绪的影响，极容易患上胃溃疡。当我们情绪放松时，在大脑神经中枢的指挥下，副交感神经活动增强起来，胃酸、肠液分泌增加，胃肠蠕动加快，活化消化机能，好好吸收营养。

除了肠胃疾病，其他身体器官对恶劣情绪也有反应，如果不能控制自己的情绪，那么恶劣情绪很可能就会毁掉你的健康。比如，"敌视"引发的焦虑、悲观情绪，会增加患心脏病的危险，长期淤积还会破坏男性的免疫系统；多疑让人寝食不安，因此引起食欲不振和营养问题；愤怒会让人肝火上升，伤害肝脏；长期恐惧或突然受到惊吓，皆能导致肾气受损，对肾脏健康十分不利。

曾有一项"修女研究"探讨正负面情绪与人类寿命之间的关系。研究人员找了180名修女，因为修女生活在比较规律的环境里。心理学家研究这些修女在年轻时写下的日记，把修女分成两组：一组是日记中呈现的正面情绪比较多，而另一组呈现的负面情绪比较多。然后比较她们60年后的死亡率。研究人员发现，正面情绪比较少的那组修女，只有10人还活着；但是正面情绪比较多的那组修女，有二十几人还活着；正面情绪比较多的修女比负面情绪较多的修女平均年龄要高10岁。

这项研究正好说明了正负面情绪对身体的影响。负面情绪过多，会对身体多个器官造成危害，导致一些疾病。但是很多人都没有意识到这一点。

其实，你现在意识到还不晚，从现在开始积极地调整自己的心态，就能摆脱负面情绪的影响。

首先，要积极改变对挫折和压力的看法，保持一颗平常心，不患得患失，从根源上消除怨恨、焦虑、悲观等情绪。

其次，学会一些管理情绪的方法。遇事不轻易发火，不愉快的事情发生了，先做深呼吸，在大脑里过一遍事情经过，理智思考后再做出下一步的决定。这个方法可以让你平静下来。

再次，要保持良好的饮食习惯，一些负面情绪可能是因为某种营养素缺乏造成的，全面均衡营养可以避免这种情况。

最后，要坚持体育运动。平时还可以做一些自我放松练习，如听音乐、做做瑜伽，让自己的头脑冷静下来；跑步、游泳也可以帮助你缓解愤怒、失落等情绪。

人的健康包括身体和心灵两方面，身体和心灵是相互依存、紧密联系的。心灵出了问题，身体也会受影响。所以，从现在开始关注身体的小信号，做出一点正确的努力，你就会战胜那些跟随你多年的小疾病。

你的怒火来自何方？

网上有一则"妈妈，不要对我发火"的长微博引起很多父母的关注。笑笑就是一个爱发火的"炸弹妈妈"。作为 80 后妈妈，一边是事业，一边是家庭，没有老人和保姆帮忙，她每天的时间都很紧张——早上七点多起床，八点必须把孩子送到幼儿园再去上班，下午五点半又接小孩回家、买菜、做饭、做家务、陪孩子看书，晚上九点又要哄孩子睡觉……笑笑的老公经常加班，平时多是她一个人照顾孩子，加上工作压力大，她心中积攒了很多怨气。一旦小孩不听话就会发怒，脾气变得越来越暴躁，一发火就很容易失去理智，不停地骂孩子，并迁怒到老公、婆婆身上，有时把孩子吓哭，还把老公气走。婆婆耳闻笑笑的抱怨，也对笑笑很有意见，婆媳关系变得很紧张。笑笑也很苦恼，但是就是控制不住自己，也不知道为什么自己的怒火就一下出来了。

其实很多爱发火的人发完火都会后悔，但是又不知道自己的火气来自何处，就像案例中的笑笑一样，带孩子的过程虽然辛苦，但是也享受了陪伴孩子一起成长的快乐，她自己也能意识到这一点，但是就是难以控制自己，以至于搞得家庭不和睦，也对孩子成长产生负面影响。

发火的危害非常大，其一是伤害家人，妨碍家庭和睦；其二是危害人际关系，让你成为"臭脾气"的代言人，很多人对你敬而远之；其三是危害健康，发火对身体的伤害已经被相关研究证明。

也许这些你都明白，但是还是难以控制自己，生气了发火了，事后你会很后悔，你很少去思考一下自己的怒火来自哪里，这时你需要静观自己的内心，寻求调整心态的方法。

你为什么发怒呢？很大一部分原因，是来自外界的不公平的对待让你大发雷霆，说白了就是"用别人的错误惩罚自己"；还有一部分是生自己的气，自己难以应付了就发火，却没想到改变自己。弄明白了原因，平息怒火就不难了。

欣欣一次和朋友外出，在正确的车道上行驶，突然一辆黑色轿车从停车位开出，正好挡在前面。欣欣立即踩刹车，刚好闪开来车，两车差一点就追尾了。这辆车的司机凶狠地从车里伸出头，对着欣欣大骂，说了一些不堪入耳的话。欣欣愣了一下，但还是保持微笑，对那家伙挥挥手。朋友不解地问："那家伙不遵守交通规则，还特别没礼貌，差点毁了你的车，我们又没有做错，你怎么也不生气。"欣欣说："这种人浑身上下都充满了负能量，素质又低，我为他发火不值得，而且他那样还有可能伤害到我们。"朋友听了非常佩服欣欣。

欣欣的做法就值得我们借鉴，控制自己的怒火，不拿别人的错误惩罚自己。

当弄明白你的怒火来自何方时，不妨调节一下自己的心态，平息怒火。

第一，产生恶劣情绪的时候，最好是什么事也不要做。当人有情绪时，做出的事都是非理性的，对家人发火，对上司发火，对陌生人发火，不仅什么问题解决不了，还会使事情进一步恶化。你就什么也不做，远离让你生气的人，让自己平静下来。美国经营心理学家欧廉·尤里斯教授就曾提出了能使人平心静气的三项法则："首先降低声音，继而放慢语速，最后挺直胸部。"

第二，多寻找一些渠道缓解自己的压力。有什么情绪时对家人朋友倾诉，不要将怒火强压下来，因为强压的怒火有一天会像火山一样爆发，杀伤力更强。

第三，可以站在对方的立场上考虑一下。在人与人沟通过程中，心理因素起着重要的作用，人们都认为自己是对的，对方必须接受自己的意见才行。如果双方在意见交流时，能够交换角色而设身处地地为对方想一想，就能避免双方大动肝火。

从现在起，不要为自己深陷坏脾气的泥淖不能自拔而沮丧，与自己的心态来场对话，了解自己发火的原因，对症下药，调节心态，你一定可以战胜自己的坏脾气。

为什么好心情总是转瞬即逝?

有个人在聊天群里提出一个问题:"你觉得在什么情况下才会快乐?"答案五花八门,"等我买了车我就快乐了","等我过了等级考试我就快乐了","等我交到女朋友我可能就天天好心情了","等我调回北京我就快乐了""等我找到好的工作获得高收入我就快乐"……

在他们心中,好心情只存在于虚无缥缈的未来。假如未来真的实现了自己的目标,肯定会获得好心情,但是好心情也会转瞬即逝。

在大多数人的心目中,已经流逝的时光总是快乐的。童年时光是快乐的,因为那时对世界充满了好奇,对什么都感兴趣,一件很小的事就让我们快乐很久;少年时光是快乐的,整天什么也不用想,那么多好朋友在一起;大学时光是快乐的,没有升学的压力,自由自在……唯独现在快乐变得很奢侈,因为加薪有了好心情,一想到房贷车贷还是那么沉重,好心情转瞬即逝;因为买到一件心仪已久的衣服而开心,但一想这个月又超支,快乐一下子消失了;和失散好久的朋友见面,本来挺高兴的,但发现曾经远不如自己的人一下子事业成功,开着豪车带着美女,不平衡的心态一下子又让好心情消失殆尽。

好心情为什么转瞬即逝?快乐为什么那么短暂?你仔细想过这些问题吗?

其实,大脑对好心情有一定的适应性,当大脑对积极情绪习以为常了,就会从刚开始的兴奋渐渐变得麻木,除非有更高程度的积极情绪来刺激,不然就会慢慢失去好心情。这就是好心情转瞬即逝的心理原因。

如果你把实现某个目标当做一种快乐，那目标实现只是一瞬间的事情，随即好心情自然会消失；如果你享受实现目标的过程，你的好心情就会持续不断。也就是说，是否快乐取决于你的心境。

一个中国留学生，在纽约华尔街附近的一间餐馆打工。有一天，他的一个点子让大厨的新菜大受欢迎，大厨非常高兴，不断地夸赞他。他刚开始表现得很开心，片刻后就深深地叹口气："什么时候打进华尔街，我才能痛痛快快地高兴一次！竞争太大了……"大厨望着忧心忡忡的年轻人："那进入华尔街以后呢？"留学生不懂得大厨的意思。大厨接着说："我以前就在华尔街的一家银行上班，天天披星戴月，早出晚归，没有半点自己的业余时间。后来我辞职了，开始从事喜欢的烹饪行业，家人朋友也都很赞赏我的厨艺，津津有味地品尝我烧的菜。现在，每烧一道菜我都会觉得很快乐，很开心，因为我一直在享受自己劳动的过程。"留学生非常惊讶，眼前这个一身油烟味的厨子，怎么会跟银行家沾得上边。大厨接着说："其实快乐很简单，就是享受你认真做每一件事的过程。你没有正面的心态，即使你进入华尔街，实现了自己的理想，好心情也只是一时，不久你就会陷入繁重的工作，失去快乐。"

一个大厨给这个留学生上了人生重要一课，快不快乐，不在于你获得什么，而在于你的心态、你是否能积极地看待人生、是否能享受过程的快乐……只在乎结果，好心情自然转瞬即逝。

要想留住好心情，试着从现在开始调节心态吧！你可以试着这样做：

首先，把人生理解为一个过程。一个人出生是开始，活着是过程，死去才是结果，而且每一个人的结果都是一样的，所以不必太在意结果。生命的真谛在过程中，只有认识到这一点，你才不会过于计较未来的结果，而是活在当下。

其次，充满激情地去做事。无论从事什么工作，都要充满激情，勤奋努力做好自己的本职工作，发挥自己的潜能，体现自己的价值，工作就会成为快乐的过程。

最后，生活中一切顺其自然，坦然处之。凡事不必过于强求，一切顺其自然，善待自己的家人，真诚对待朋友，用潇洒的态度面对生活。即使有很多不如意的事情，也难以破坏你当下的好心情。

我们都是生命长河的匆匆过客，所以要珍惜人生的每一天、每一个过程，把握好现在，把握好今天，用愉悦的心情，一步一个脚印地走下去，享受快乐人生。

你的人生被优柔寡断毁掉了吗？

有一个小故事流传很广，讲的是"毛驴心态"。

法国哲学家布里丹养了一头小毛驴，每天向附近的农夫买一堆草料来喂它。这天，送草料的农夫为了表示对哲学家尊敬，多送了一堆草料，放在驴圈。这下子可为难了这头毛驴，它看看这堆草料，又看看那堆草料，也没看出哪个好哪个坏，不知道怎么选择。于是，这头可怜的毛驴就一直站在原地，一会考虑草料的数量，一会观察草料颜色，犹犹豫豫，来来回回，踱来踱去，一直没有下定决心，最后竟在无所适从中活活的饿死了。

这个故事虽然有些夸张，但是却深刻地反映了优柔寡断的人的心态——不能果断抉择，以至失去最后的机会。

看到这里，你是否应当回头看看自己的人生，是不是因为优柔寡断丧失了很多机会，甚至让优柔寡断毁了自己美好的生活？

你曾经有心爱的姑娘，却因为瞻前顾后错失了，至今孑然一身；你曾经有机会在某一行业投资，却因为犹豫错失机会，眼睁睁看着别人掘到第一桶金；你曾经可以大胆讲出你的创意，但是一时迟疑，让别人捷足先登，自己只有羡慕的份儿……不用再一一列举了，这些都说明你受过优柔寡断的伤害，再不调节心态，就会遭遇更大的失败。

赵燕从小就优柔寡断，老是爱纠结于一些很小的事情，做什么事情都太在意别人的看法，老是被他人左右。她去逛街，明明看中了东西，可是总喜欢逛完整条街再决定要不要买，因为总担心会不会有更好的，如果没有宁愿绕远路回去买，整天弄得自己很累。上大学时有一位男生追求她，她也对他很有感觉，可是瞻前顾后，怕父母不同意，怕同学笑话，犹犹豫豫，不敢答应。一晃就到毕业的时候了，那个男生没有得到答案就远走高飞了，她错过了一个自己喜欢的人。为此，她十分后悔，工作后相亲也总与那个男孩比较，一直高不成低不就，把自己耗成大龄女。

赵燕性格的最大弱点就是优柔寡断，这样的性格不仅让她生活得很累，也让她错失属于自己的爱情。这种错失让她变得更加患得患失，未来也一片迷茫。

优柔寡断的做事态度和一个人性格关系非常密切。有的人是怕做错事，或者做不好，表现得畏缩，不敢随便发表意见；有的人是太在乎他人的意见，看法经常被别人左右，表现得犹豫不决，或依赖他人。不管是什么原因，优柔寡断的做事态度对人生有很大的消极影响，没有主见的人不但不能打理好自己的工作，也很难被企业接受，事业发展会有阻碍。

应该怎样转变自己优柔寡断的做事风格呢？

首先，做到不畏惧。不要害怕自己会做错什么，即使错了也没有那么严重，人生是允许犯错的。不要害怕别人的眼光，不管做什么都不可能让所有的人满意，既然做不到就不要强求所有的人都赞同你做的事情。

其次，做到不要后悔。后悔的情绪比你所做错的事更可怕，因为这会摧毁你的自信，让你失去做决定的勇气。既然做了，就不要后悔，后悔也解决不了任何问题。

最后，建立自己的做事准则。要想成为有主见的人，就要建立自己做事的准则，你的行为去遵循这个准则，并根据现实生活不断地修正，让你逐渐变得自信起来。

人生在世，避免不了做决定。人们都盼望做正确的决定，所以常常在决定之前反复衡量利弊，再三细致斟酌，这并没有错，但是很多机会稍纵即逝，必须当机立断。优柔寡断要不得，是时候调节你的心态了。

明知冲动是魔鬼，你还是避免不了吗？

西方有一句古老的谚语："上帝欲毁灭一个人，必先使其疯狂。"一个无论多么优秀的人，在冲动的时候，都有可能做出错事来。冲动是魔鬼，我们都明白这个道理，但是还是有很多人避免不了。

自己想想，你是不是经常因为冲动做出错事——在洗手间听见同事说自己的坏话，忍不住对同事大喊大叫；隔壁邻居把音响开大到忍无可忍的程度，你上门大吵；遇上无理取闹的客户，一气之下甩手走人；禁不起售货员的甜言蜜语，冲动买了自己不需要的东西……这样下去，你就难以改掉冲动的习惯，而且因冲动带来的恶劣后果也会越来越严重。

冲动是一种最具破坏性的情绪，它给人带来的负面影响可能远远大于我们的想像。

李先生放在客厅的 200 元钱不见了，他和妻子产生口角，后来在五岁的儿子君君的衣服口袋里发现了。李先生和妻子吵架的气还没消，一下子就把君君拉了过去，说："小小年纪就知道偷拿家里的钱了，还害我和你妈大吵一架。"说完狠狠地打了孩子两个耳光。君君一下子愣住了，接着大哭起来。当天晚上，君君总是不停地哭闹，李先生两人带他去医院检查。检查结果一出来，夫妻俩完全惊呆了：君君的左耳完全丧失听力，右耳只有一点听力，将来需戴助听器生活。因为失去听力，孩子的平衡感很差，语言表达也受到了严重的影响。李先生痛不欲生，他一时冲动打出的两个巴掌竟然毁了儿子的一生。

如果李先生不是那么冲动，能静下心来想一想，孩子拿钱也许是一时兴起，心里根本没有"偷"的概念，就不会那么冲动了。但是事情已经发生了，后悔有什么用呢？

为了避免在情绪冲动时做出令自己后悔的事情来，你应该采取一些积极有效的措施来调节自己的心态，控制冲动。

一、先让自己冷静下来。遇到较强的情绪刺激时学会强迫自己冷静下来，做一下深呼吸，镇定地分析一下事情的前因后果，然后再采取表达情绪或消除冲动的措施。比如，当你被人嘲笑、讽刺时，倘若你反唇相讥，则很可能引起争执，于事无补，还不如用沉默作为抗议的武器。

二、学会转移注意力。一些事情伤害了你的尊严或切身利益，所以你感到自己的情绪十分激动、无法控制，这时就要及时转移注意力让自我放松，鼓励自己克制冲动的情绪。

三、培养自己的耐性。平时要注重克制力的培养，像练字、体育运动都可以锻炼自己的克制力，让你静下心来做某件事情，不仅丰富业余生活，还可以帮助你战胜冲动。

其实，当你一次次成功地控制住了自己的冲动，你就会变得越来越成熟，离成功越来越近。

一个夜晚，一个年轻人对无聊而平淡的生活失去了信心，厌倦了人世间的艰辛和孤独，决定跳下悬崖了断自己的一生。他在悬崖边站了很久，就在决心跳下去的那一刻，突然听到婴儿稚嫩的啼哭声，顿时，一种特殊的感觉从内心深处迸发出来，他突然意识到就这么结束自己的生命，真的对不住父母的养育之恩。从此以后，他发愤读书，拼搏进取，最终造就了人生的辉煌。这位曾经打算自杀的年轻人，就是俄国文学家屠格涅夫。

屠格涅夫在最后时刻战胜了自杀的冲动，也战胜了懦弱的自己，赢得新生。他的事例会给你一些启发吧？

无论你在物质上多么富有，请不要做精神的乞丐！一个人不管做什么事，若是只凭自己的一时意气，就会造成不堪设想的后果。忍一时风平浪静，退一步海阔天空！别让冲动再伤害到你。

你习惯给自己贴上"负面标签"吗？

你是不是有过这样的经历，在遇见问题或出现失误时，总是这样轻易给自己一个消极的评价："我注定是一个失败者！""我怎么这么差劲呢？""我就是一个笨女人。""我的性格简直无可救药了"……如果你有这样的习惯，那你就是"为自己贴负面标签的人"。

美国著名的心理学家威廉·詹姆斯说："我们这一代人最重大的发现是，人能改变心态，从而改变自己的一生。"其实，人生的成功或失败，幸福或坎坷，快乐或悲伤，完全是由人的心态决定的，当你为自己贴上一个负面标签时，你也正往自己讨厌的方向发展了。

一位刚生完孩子为自己体重烦恼的女人正在尝试节食，但是在面对一大碟牛排时，吃了第一块后又忍不住吃了第二块，这时她变得十分沮丧，痛恨自己没有控制住自己，然后对朋友说："我太没有毅力了，忍不住去吃，我已经胖得没法看了。"她感到很难过，一赌气，又吃了一大块牛排，吃完后总结道："我就是一个没有毅力的人，什么事情也干不成。"她的减肥结果可想而知，肯定是失败了。

这个减肥心切的女人，在面对自己贪吃牛排这样一个很小的问题时，就为自己贴上一个负面标签"没有毅力的人"。这种做法无形中给了自己心理暗示——我没有毅力，我不会成功的。这样下去，她一定会活得越来越失败。

给自己贴上"负面标签"的人有一种共同的心态，他们已习惯用一些自我描述的词语来维持一贯的自我，从而回避现实，每当想掩盖自己某一个性格缺陷时，总是在用"这辈子都不会改变了"的借口逃避现实。

一个年轻人来寻求心理咨询师的帮助，他25岁，和父母住在一起，负债累累，没有工作。他称自己是一个"彻头彻尾的失败者"，说自己虽然相貌堂堂，在大家眼中却一无是处，在与异性约会时也经常遭到拒绝，为此他十分苦恼。

这个年轻人整天感觉自己是失败者，在别人眼里就会慢慢真的变成失败者了，这是十分残酷的现实。

人生本来就十分坎坷，如果遭遇一点点挫折，就给自己贴上负面标签，是非常不理性的行为，不仅是自我打击，也是对自己的人生不负责任。所以，你必须马上转变自己的心态，撕下自己贴上的负面标签。

首先，你应摒弃"应该怎么去做""必须如何如何"等负面、消极思维的框框。没有什么事情是必然的，此路不通还有别的路可走，当不了好司机，也能当一名好厨师。

其次，尽量寻找积极的词汇描述自己。自我描述的词语本身并没有什么不好，但是以一种特定的负面词汇描述自己的方式，会阻碍我们的发展。

最后，从简单的事情做起，建立自信。负面标签会成为你不求进取的借口，你需要从小事做起，获得成就感和自信，然后对自我潜力进行挖掘，也许有一天你会发现你并不是你想象的那么糟糕。

为人处世，心态是我们真正的主人，同一件事情用两种不同心态去做，其结果必然相反。不要让"负面标签"影响你的人生，你要把命运牢牢握在自己手中。

你会陷进"强迫自己"的情绪陷阱里吗？

我们身边有这样一些人，比如，经常怀疑门没锁，看到别人衣服上有线头就觉得别扭，发呆时一次次右击鼠标刷新页面……这样的人，都会有"强迫自己"的情绪。这种情绪会对心理造成极大的压力，发展下去，还有可能会发展成强迫症。强迫症被认为是一种精神障碍，患强迫症的人明知道自己不停做的事或想的问题毫无意义，却停不下来，感到紧张和痛苦。

你是不是已经陷入"强迫自己"的情绪陷阱里？不妨用下列的问题测试一下：

1. 你是否有愚蠢的、可怕的或不必要的念头、想法或冲动？
2. 你是否过度怕脏？
3. 你是否总是担忧忘记某些重要的事情？
4. 你是否担忧自己会做出攻击性行为？
5. 你是否担忧自己说出攻击性言语？
6. 你是否总是担忧自己会丢失重要的东西？
7. 你是否做一件事必须重复检查多次方才放心？
8. 你是否保留了许多你认为不能扔掉的没有用的东西？

如果上述问题中你有两个以上回答"是"，你就被"强迫自己"的情绪困扰了。

有强迫情绪的人，往往是内心追求完美、对自己严格要求的人，他们总对自己不满意，会习惯性地反省自己，他们会通过重复某一行为或观点，修正自己的"不足"，久而久之让自己陷入"强迫自己"的恶性循环中。

喜欢清洁、细心检查，原本都是良好的习惯，但是如果过度就会给心理造成压力，也会对周围的人造成压力，对生活、工作产生不良影响。

安娜参加工作有五年了，总是不断跳槽，在每一家公司都待不久，离职的理由和情况都差不多——对上司评价过于敏感，与同事关系紧张。同事坐过她的椅子，她会忍不住一遍一遍擦；写的文件，不断检查，不断提出问题……在平时，比如出差去机场的路上，总觉得飞机票忘带了，然后反复检查自己的包；加班最后一个回家，总觉得办公室门没锁；开会时，总觉得手机在响，不断从包里拿出手机来看……

安娜陷入了"强迫自己"的情绪陷阱中，导致职场受挫。假如她不能及时调节自己的心态，还会重复跳槽的怪圈。

怎样走出"强迫自己"的情绪怪圈呢？你不妨试着这样做：

其一：培养自信。有强迫情绪的人对自己期望过高，即使不断努力仍觉得自己难以达到目标，所以必须先培养自信，才能逐渐走出误区。

其二：延长强迫行为的时间。假如你原来5分钟要洗一次手，就告诉自己过10分钟再洗，延迟的时间可以逐渐延长，用看电视、看书转移一下注意力，逐渐战胜强迫情绪。

其三：多参加集体性活动及文体活动。培养你的兴趣爱好，让自己建立起新的兴奋点；多结交朋友，转移对曾经关注事情的注意力。

其四：多和家人交流，找出重复行为的原因，对症下药。

有了强迫自己的情绪不要过于紧张，要学会定期宣泄自己的情绪，运动、大叫、唱歌、跳舞都是可以选择的方式。进而在生活中保持稳定的心态，规律的生活，慢慢走出"强迫"的误区。

你经常会有负罪感吗？

当事情呈现令人遗憾的结果而你又无能为力时，你是否会产生这样的心理：孩子没有考上重点高中，都是我的错；谈判失败了，都怪我没有带齐文件；我在离婚这件事中责任很大，我没有尽到做丈夫的责任……这就是负罪感。

心理学家把负罪感描述为"思考的敌人"，因为当你为自己的行为而自我抱怨时，你就无法从中学到东西。

别败在不会调节心态上

其实，在日常生活中，人们常常会为做错事情而后悔、自责并遗憾。这些都是正常的反应，并且会以积极行动来挽回损失。但是，如果负罪感过重，完全把自己陷入自责中不能自拔，就会发展出不良心态。你因为自己错误的行为而诅咒自己，甚至看轻自己，不能客观看待事情的前因后果，把一切错误揽在自己身上，这是不理智的。

李女士离婚半年了，一开始并没有太大感觉，后来每天下班后去学校接孩子，看到教室门口站着很多爸爸妈妈在等孩子放学，她就感到深深的自责。她经常对人说："我觉得这一切都是我造成的。我不知道，我当初做出离婚的决定，现在看来到底是对还是错。"她开始念起前夫的好，觉得他就是有点工作狂，但也很不容易。她陷入后悔中不能自拔，也难以开始新的感情，当得知前夫再婚后，她更是非常痛苦。

李女士把婚姻失败的责任全部揽到自己的身上，对孩子充满愧疚，认为一切都是自己的不满足造成的。事实上，婚姻是两个人的事，从来不是一个人在经营的，离婚也不能归咎于一人。她的想法已经非常不理性了。

产生负罪感的人往往对自己要求过高，不能容忍自己道德上出现瑕疵。当自己的言论和表现达不到期望值时，就会产生不愉快的自我批评。其实出现负罪感时，只要你找到合适的方式，就可以把心理压力转化为动力，促进自己成功。

古希腊有一位演说家，刚刚成名时，非常自信，经常对外宣称自己是最好的演说家，永远不会让听众失望。但是在一次演说中，他记错了一个非常重要的地名，听众哄然大笑，他被迫停止演讲。这次演讲让他陷入自责和后悔，觉得听众花费了时间听自己演讲，却没有得到正确的信息，还不如不在公众面前演讲。事后，在负罪感的督促下，他暂时停止演说，开始不断地锤炼自己的演说技巧，不断学习、增加自己的知识量。当他再次登台时，很快赢得了听众的掌声，名声大噪，成为一名真正的演说家。

由此可以看出，把负罪感转化为动力，可以促使一个人进步和发展。那么我们应该怎样调整心态，克服负罪感呢？

第一，对自己要求低一些。人无完人，不可能不犯错，在人生历程中，有时一个错误对于你来说就好像在一场大型管弦乐的演奏中有一种乐器走调，你觉得自己破坏了整个演出，其实你只是配角。这样想，你就不会那么在意自己的错误了。

第二，正确估计自己的能力。谈判失败了，项目没有完成，这些事情的发生也许有你失误的因素，但是你的失误也许只是很小一部分。你要认真审视自我，就会发现你并不是宇宙的中心，遗憾是否产生不会由你一个人决定。

第三，事情发生后尽力弥补。通过承担责任，尽力做出弥补，你就可以有机会减少负罪感的折磨。

负罪感是一种不健康的情绪，你也许还没有意识到非理性的负罪感影响着你的生活和工作，和心态来一场深度对话，战胜负罪感的折磨，你会有更多的精力去解决问题，并且变得更加强大。

你会对这个世界抱有敌意吗？

我们在生活中经常可以碰到这样的人，他们抱怨身边的每一个人，把每个人的缺点无限放大；他们对社会种种现象充满不满，看不到任何积极的方面；他们遭遇挫折，会把错误归结到他人或者社会身上，觉得自己没有任何错……

这样的人对世界充满了敌意，对周围的人和事抱有敌意，难以客观对待事和人，不管在什么地方，都会让我们敬而远之。你仔细想一想，自己是否有时也会有这种症状呢？

小王是一个十八岁的女孩，她和邻居家的女孩一起长大，但是她非常讨厌那个女孩，觉得那个女孩人很虚伪，爱装样子，喜欢占别人的便宜，但是她又举不出什么例子。两个女孩都学画画，高考时邻居女孩的成绩也比小王好很多，稳上一本大学。这让小王更加敌视那个女孩，动不动就在周围散布那个女孩的坏话，什么小时候偷东西呀，同时和几个男孩交往呀……双方父母原本是朋友，但因为小王说的话，对方父母非常生气，不再来往，双方家人见面也非常尴尬。

小王莫名地敌视邻居女孩，也许是嫉妒心在作祟。当自己考试成绩不行时，不寻找自己的原因，而是靠散布谣言维持心理平衡，这是一种非常不健康的心态。

假如敌视仅仅是小王这种状态，大不了影响人际关系，但是不调节自己的心态，发展为仇视社会，就会变得十分严重了。

一位法国青年非常爱自己的女友，而女友却背叛了他投入有钱人的怀抱。失恋的青年陷入难以自拔的痛苦，他恨自己的女友和抢走女友的人，后来发展成敌视所有有钱人、所有卿卿我我的情侣，甚至仇视社会。最后，他带着一把微型冲锋枪，来到自己女友常到的一家酒吧里一阵扫射，枪杀了十几人，酿成惨剧。

因为敌意做出非理智的事情，导致了无辜的生命死亡，这样的结果真的是血淋淋的。

我们在新闻中，经常会看到发生在西方国家校园里的枪击案，凶手也大都是年轻人，作案的几乎都是因为自己曾经被漠视、看轻而产生敌视世界的情绪，从而做出了罪恶的事情，彻底毁灭了自己的人生。

当出现敌视世界的思想苗头，应该怎样调节自己的心态呢？

首先，及早进行心理干预。不要觉得去看心理医生是丢人的事情，心理有疾病也需要治疗。一旦发现自己心理存在对社会的愤怒、不满，应该让专业的心理医生为你查找病因，找出合理的方法，帮助你及时调整好自己的心理。

其次，你的经历不是个案。你遇到挫折觉得自己是世上最倒霉的人，其实不知道很多人都和你一样要面对人生的许多坎坷，不必抱怨也不必仇恨，你需要做的应该是在哪里摔倒再在哪里站起来。

最后，做一个心胸开阔的人。心胸开阔的人，有自己宣泄情绪的正确方式，所以你应不断地提醒自己"这没什么大不了，一切都会变好"，从而学会客观地看待问题，慢慢化解对社会的敌意。

"你看待世界的方式决定了世界看待你的方式"，当你换一个角度换一种心态去看待社会，把敌意化解成善意，你也同样会收获善意。

第三章
用心态洞察你周围的世界

穿上别人的鞋子走一公里

有人说，如果你没有穿上那个人的鞋子走一公里的路，就不要去评价他。这就说明，想要客观评价一个人，需要你站在他的立场上去考虑，仅仅以自己的视角判断，很难得出正确的结论。因此，不管是在生活中还是在工作中，都要有换位思考的心态。

有一个小故事流传很广，恰恰说明了这个简单的道理。

妻子正在厨房炒菜，丈夫在旁边唠叨不停："慢些，小心！火太大了。""菜不能这么炒，会丧失营养。""赶快把鱼翻过来、油放太多了！"妻子非常厌烦，脱口而出："我懂得怎样炒菜，不用你指手划脚的。"丈夫也不生气，非常平静地说："我只是要让你知道，我在开车时，你在旁边喋喋不休，我的感觉如何……"妻子一下子没话可说。后来妻子渐渐改掉了自己的坏习惯，当丈夫开车时不再喋喋不休了。

045

丈夫在开车的过程中，妻子肯定在旁边指手划脚了，并不明白丈夫心里是多么厌烦；但当她做事的时候，也有人指手画脚，她才会明白丈夫的真实感受。没有站在别人的角度上思考问题，就难以做出准确的判断。

换位思考是一种将心比心、设身处地的心态，在人际交往中，也是达成理解不可缺少的心理要求。它要求你站在对方的立场上体验和思考问题，了解对方，体谅对方，从而与对方在情感上进行沟通。

小陈被派到外地从事销售拓展工作，工作非常努力，但是一年后成绩平平，销售不是太乐观，远远低于任务目标。小陈的顶头上司非常不满，让小陈汇报各种情况，小陈列举了几条理由，一是所在地区偏远，消费水平达不到；二是地方保护主义太严重，难以与本土品牌竞争；三是人手太少，活难以分配。上司认为这些都是托词，为了证明给底下员工看，把小陈调回本部，自己亲自上阵。但是上司很快发现，这个地区有其特殊性，是很难靠主观努力改变的，而且当初订的目标就不合理，小陈在这种情况下达到的销售业绩，已经是非常难得了，自己对小陈的评价太主观了。

作为公司领导，不考虑实际情况，把一些错都归罪于小陈，确实是不客观不明智的。但是幸好他肯亲自上阵体验一番，不然还难以发现小陈的努力，误会一名好员工。由此可见，想要做出正确的判断，必须拥有正确的心态。

如果你习惯了站在自己的角度对他人指手划脚，你可能正在不断地做出错误判断，错失更好的计划，是时候改变你的心态了。

首先，要做到对人对己同一标准。古人云：己所不欲，勿施于人。双重标准待人的人是难以学会换位思考的，也很难正确评价人和事。做到对人对己同一标准，就能设身处地，不会妄下结论。

其次，要宽人严己。对自己严格要求，但是要宽容别人，这样你才能真正做到换位思考。比如一个领导自己不加班，却觉得下属不加班很懒惰，绝对不是好领导。

最后，不轻易下结论，要多调查。评价一个人时，慎重思考一番，不要轻易下结论，道听途说的消息难以成为评价一个人的标准。

换位思考是融洽人与人之间关系的润滑剂，可以让你的视角更广，帮助你做出正确的判断。对于一个团队来说，换位思考可以让成员更加团结，对于一个家庭来说，换位思考能让家人关系更加和谐。就从现在开始，调节你的心态吧！

拿什么拯救你身边的悲伤者

一位男士给电台的心理节目写信，倾诉了他的烦恼：他是一家公司的白领，前一段时间，一位和自己很要好的同事因为失恋和债务问题产生厌世情绪，周围的人也没有及时帮助他走出阴影，最后那个同事自杀了。这件事在他心里引起很大的震动，他既自责又难过，后来自己也对现在的生活产生悲观情绪，突然觉得前途渺茫，活着没有意思，甚至想要辞职。整日神情恍惚，什么都不想干。

同事的突然自杀为什么会对这位男士产生巨大的影响呢？这与他的心态有一定的关系，身边陷入悲观的朋友影响了他的心态，朋友的自杀也给他的生活蒙上一层阴影。不但不能拯救悲观的同事，自己还受到消极影响，产生厌世心理。

在生活中你也许有这样的体验，看到别人婚姻破灭，开始不相信爱情；看到别人得了绝症，你也觉得生命无意义；朋友沉浸在失败的痛苦中，你不能安慰他，自己甚至更痛苦……这一切都表明，你的心态趋向消极，极易被别人悲观情绪影响。

长期下去，你的生命也会变得黯淡无光，世上那么多悲伤的事情，都能影响到你，你的压力会越来越大。

那么，当你身边出现悲伤者，你应该怎么做呢？

首先，真诚帮助身边的悲伤者，让他感觉到你一直都在他身边。

美子的同事小陶的丈夫在一次车祸中失去双腿，小陶的生活发生翻天覆地的变化，原来两人家庭条件都比较优越，经常一起逛街，追逐名牌。现在小陶家里的顶梁柱失去工作能力，家庭重担完全落在小陶的肩上。好多次，小陶都委屈地躲在厕所哭，很多同事都受到小陶的影响，感叹人生无常，气氛也变得十分压抑。在这种时刻，美子不仅给了小陶经济上的帮助，还一直约小陶出去吃饭逛街，贴心地选择小陶经济条件允许的地方购物吃饭，帮小陶疏解压力。后来小陶渐渐走出阴影，努力工作，业余时间犒劳一下自己，虽然衣服档次比不上从前，但是也从中享受打扮自己的快乐。看到小陶的变化，美子的生活态度也更加积极，因为她觉得没有什么坎是过不去的。

与悲伤者"同在"，可以帮助悲伤者尽快走出阴影。好朋友遭受重大打击，美子没有一起悲观，而是运用各种方法帮助陶子走出阴影，一直都在陶子身边，陶子战胜了人生的挫折，美子也建立了更积极的人生观。

其次，学会倾听悲伤者。要帮助悲伤者，必须要学会积极的、反应式的倾听。此时，你也许没有太好的建议，但是可以帮助他宣泄消极情绪。

最后，换一种积极的方式安慰悲伤者。与其说"你心爱的人已经上

别败在不会调节心态上

048

天堂了"，不如说"你心爱的人已经解脱了"。积极的话语在说服悲伤者的同时，也能使你自己得到积极的暗示。

人生在世，总要遭遇各种打击。身边出现悲伤者，你一同悲伤，甚至产生消极的情绪，不仅不能帮助悲伤者，还会让自己陷入消极情绪的陷阱。还不如积极调整自己的情绪，帮助悲伤者走出悲伤，在这个过程中，你也会逐渐获得成长。

找到你受排挤的原因，并逐一解决

和谐的人际关系对人生有积极的影响，但是对于很多人来说，人际关系是一个短板，有的人甚至在不同的团体中都受到排挤。受排挤是一种糟糕的体验，被人孤立，做事不顺利，付出了也难以有回报……

怎样改变这种现状？仅仅甩甩胳膊走人是不现实的，因为不转变自身，在新的团体中你还有可能遭遇同样的情况，所以找到你受排挤的原因是最关键的。

刘进是业内知名的创意总监，有能力也有才气，但是又有一些傲气，每次的项目都做得非常出色，却不善于与老板沟通，不能听到任何反对意见，每天我行我素。老板看他不顺眼，同事对他也敬而远之，甚至有点讨厌他。一次，他因一个项目与老板吵架，说老板是不懂设计的暴发户，自此以后就被打入冷宫，整天被分配做一些小事，再也见不到有层次的大客户。刘进受不得委屈，心想自己有能力在哪都一样，跳槽到另一家单位。但是刘进并没有改变自己的处事方式和心态，工作半年后又受到上司的排挤，日子同样不好过。

受到排挤，刘进就把跳槽当做唯一的处理方式，没有积极地寻找自己的原因，转变心态，即使到了新单位，还是重蹈覆辙。

由此可见，先找到原因，然后一一解决，才能走出怪圈。不然人际关系恶劣，事业也难有新的突破。

小张大学毕业后到一家大公司做销售，这本来是一个很多人美慕的职业，可是小张工作得一点都不开心，因为他与同事、领导都搞不好关系，整日形单影只。一次，小张的上司开会，把重要资料落在家里，派小张去拿。小张却在背地抱怨，说是上司办事不力，本来应该自己做的事情，不该由他去做这件事。小张的话传到同事和上司耳中，上司很不快。后来，又发生了一系列类似的事情，小张被调离了原来很有前途的岗位，其他同事也不愿意和他共事。

上司派他去拿一个文件，本来是一件很普通的事，但是小张却上纲上线，随便发表自己的看法。一些不当的言论传到上司耳中，自然影响自己的职场前途。正常的交流可以产生信任，私下里抱怨会将自己孤立起来，使同事不敢或不愿与自己接触。小张只有认清自己的问题，不再固执地认为自己是对的，才会渐渐获得好人缘。

如果你在某个团队中受到排挤，可能有以下原因：

第一，特立独行。不合群、没有合作精神、衣着奇特、言谈过分都令周围的人却步。个性并没有错，但是没有必要标榜自己的个性，在坚持自我的同时容纳他人，才能建立良好的人际关系。如果是这个原因，你应该收敛自己的个性，多参加伙伴的各种交谈、活动，尽量选择得体的装扮，营造亲和力。

第二，获得一些成绩，过于招摇。你近来连续升级，但是又有些炫耀和骄傲，会招来周围人的妒忌，所以群起排挤你。如果是因为这样，你最好放低自己的姿态，与其他人分享成绩，并展示出谦虚谨慎的姿态。

第三，待人冷言冷语，没人愿意和你打交道。假如他人因为你不善言谈而排挤你，就太冤了，所以你平日对人的态度要和蔼亲切，多说一些热情的话语，让大家觉得你好交往。

第四，你有许多恶劣的习惯，让人望而却步。比如，嗜酒如命或者烟不离手，或者有借钱不还、吝啬等毛病，久而久之你就会成为不受欢迎的人。如果这是你受排挤的原因，那没有更好的办法，赶紧改掉坏习惯，严格要求自己。

受人排挤时你一定要反省一下，看看问题是不是出在自己身上，如果想让周围的人改变对你的态度，就需要你自己首先作出努力，不断完善自己。

面对"情绪污染"，你要内心强大

当下，人们谈"工业污染"色变，但是没有意识到身边的精神杀手——情绪污染。我们身边总有一些人，在制作一些情绪垃圾，参加考试前，他们忧心忡忡；遭遇失败，他们就认为自己注定是失败者；被领导批评，他们觉得自己再也没有出头之日……于是焦虑、悲伤、抱怨，不遗余力地影响着周围的人。

你听说过流传很广的"踢猫效应"吗？

有一天，公司老总正在为一件事生气，恰在此时部门经理过来请示工作，于是老总满脸怒容地将部门经理斥责了一番。部门经理感到莫名其妙，回去后又把前来汇报工作的秘书训斥一番。秘书不清楚为什么被训，心里很恼火，把恶劣的情绪带回家，看到儿子没完成作业就看电视，二话没说训斥一顿。儿子受了委屈，就使劲踢沙发旁睡觉的懒猫。猫冲到马路上，迎面来的司机为了躲猫，一打方向盘，把路边的小孩子给撞伤了。

"踢猫效应"正说明了恶劣情绪具有极强的传染性，一个人没有强大的内心，极易遭受情绪污染。当坏情绪像瘟疫一样从这个人的身上传到另一个的人身上，搞不清从哪儿开头，也不知将到何处结束。有时，你也许就充当里面重要的一环。

情绪污染对人的危害非常大。悲观的人往往碌碌无为，还把平凡和失败的原因都"归功"于别人，一味抱怨，你受到这种影响，也会渐渐变得悲观，把悲观情绪带到工作、生活中，让自己陷入十分被动的境地。

姗姗最近情绪十分低落，家人问她原因，她说自己几乎被办公室新来的"抱怨大王"逼疯了。早上一来，"抱怨大王"就开始抱怨，说公交堵车，人们缺乏公德心；抱怨早餐难吃，肯定含有防腐剂和色素；抱怨领导分配的任务太重，是故意和他过不去……即使同事发结婚请柬，他也抱怨："这个月非得超支不可！"一项工作需要大家协作时，他总是推脱自己年纪大，不能加班，家里上有老下有小……姗姗很害怕跟他说话，见到他都躲着，做什么事情也绝对不会和他合作，后来找个机会离开了这个办公室。

姗姗的同事就是一个典型的"情绪污染源"，任何事情都不能客观对待，正面理解，给人的感觉是琐碎、阴霾、潮湿、目光短浅、毫无希望，对姗姗产生巨大的负面影响。假如姗姗内心不够强大，肯定会被慢慢影响。

怎样锻炼强大的内心，远离情绪污染呢？

别败在不会调节心态上

052

第一，遇事寻求解决问题的途径，而不是逃避。事业有成的人大都是"行动派"，出现问题他们积极寻找解决问题的有效方法，而非一味抱怨。所以在遇到困难时，你要果断地寻求解决问题的方法，发挥自己的行动力。

第二，习惯从正面理解事物。同一件事，正面理解可以很阳光、有朝气、有希望，激励周围的人奋发上进；从反面理解，就会很阴暗、消极。当你习惯从正面给自己积极暗示时，就会慢慢对情绪污染产生免疫力。

第三，战胜偶然产生的不良情绪，尽量不把负能量传染给别人。当你失落时，遭受打击时，切记不要放任自己的情绪，或者不断找人唠叨、诉苦。因为你可能也会成为污染源，更不用提去战胜精神污染了。

如果你身边有喜欢进行"精神污染"的人，尽量远离他们，提高警惕，避免受"不良影响"。只有拥有健康的人生态度，你才能拥有成功、幸福的人生。

洞悉他人内心，问对问题就可以

在一次汽车销售培训中，培训师问听众："能不能设计出 5 个问题来了解客户内心，从而引导他购买我们推荐给他的产品呢？"答案是肯定的。培训师列出了这 5 个问题：你为什么要买辆汽车呢？你对车子有哪些基本要求？这些基本要求的具体含义是什么？这些基本要求中哪个最重要？除此之外你还有其他的要求吗？销售者尝试后发现，客户回答完这几个问题后，自己基本能弄清楚自己的真实想法。而且销售者也能充分了解客户的心理，推荐更合适的产品给客户。

作为一个销售者，他的任务是要洞悉客户的内心，根据客户的真实想法推荐最合适的产品。怎样洞悉客户的内心，汽车销售培训师给了我们答案，那就是问对问题。

不管在商业谈判中还是在日常交往中，人与人之间的交谈都充满了问题，它们遵循一个简单的模式——某人问某人答。

在你的心中，这非常平常，也没有什么大不了，岂不知问题中蕴藏着大智慧。调节好你的心态，学习问问题，你将学会厉害的"读心术"。就像一个优秀的销售顾问，问出的问题都是钻石级的，一下子就猜透客户的心理，销售能不成功吗？假如你也能做到，人生岂不是顺利很多？成功者不是比你聪明，而是比你会问更好的问题。

作为秘书的小苏一天问老板："我需要怎样做才能得到提升啊？"老板说："你必须首先把现在手头的工作做好！"老板的确回答了小苏的问题，但是小苏觉得自己还没有把握老板内心的真实的想法，老板对我的工作和进步在不在意呢？她非常疑惑。小苏去请教公司 HR，HR 说她问题没有问对，然后给了她一些建议。后来小苏又去问老板："假设我把本职工作做得非常好，如果我想要进一步提升，那在其他方面我还需要做什么？"老板回答："你也确实应该涉及决策事务了。"

小苏前后两个问题意思是一样的，获得的答案却大不相同。好的问题能让你洞悉对方的真实想法，能让你得到你想要的答复。

那么什么样的问题才是"对"的问题呢？

首先，问对方可选择的问题，能准确把握一个人的喜好。当你问一个人喜欢什么颜色时，浮现在他眼前的颜色太多了，他很难回答出来。你不妨试着从冷色调和暖色调里各选一个颜色，让他回答喜欢哪个更多一点，然后进一步引导，就会觉察他真实的喜好。

　　其次，要问具体的内容，不要泛泛而谈。问题要涉及具体内容，对方难以回避，即使回避也能让你觉察到，泛泛而谈的问题没有针对性，回答也没有参考价值。

　　最后，对不同的人问不同的问题。直爽的人要问直观的问题，含蓄的人要问具有隐晦含义的问题，不同的人对问题的反应是不一样的，面对不同的人要问不同的问题，才能在最短时间内了解对方真实的想法。

　　洞悉别人的内心，并不像你想象的那么复杂。交谈的时候用心一些，学会问一些关键性问题，在对方的回答中寻求蛛丝马迹，就能了解对方的心理世界。你，问对问题了吗？

一分钟，看穿微动作背后隐藏的真相

　　一些人可能因为知识、阅历、能力的原因，不管内心怎样波澜起伏都能做到面不改色，明明很讨厌别人却可以表现出很喜欢，明明很生气但是表现得和颜悦色。他们很会掩盖自己的真实想法，但是他们无法控制自己的微动作。

　　微动作是人类经过长期进化遗传，继承下来的一种本能反应，是了解一个人内心真实意图的准确线索。所以你要学会观察真实的微动作，把握微动作背后的真相。

　　你也许觉得自己不是心理医生，没有必要了解那么多微动作的知识。你要转变这种心态，因为掌握一些技巧，可以把别人内心看透，在为人处世上更加得心应手。

燕燕相亲的时候，问了对方几个很普通的问题——父母做什么工作，家庭成员情况怎样，在什么地方工作，具体在什么岗位。按照小伙子说的，他父母都是大学教授，自己在一家投资公司做理财分析师，条件十分优越，但是燕燕注意到他回答问题的时候，不停地用手揉鼻子，好像很不好意思，有一些紧张。燕燕怀疑小伙子在说谎，于是专门找人打听对方的基本情况，确实和小伙子说的有出入。燕燕心想，初次见面就说谎，小伙子不是太可靠，而且有一些虚荣，所以就没有进一步发展。

　　人说谎时，体内多余的血液流到脸上，使鼻子里的海绵体结构膨胀数毫米。说谎者会觉得鼻子不舒服，所以会不经意地触摸它。燕燕从微动作中看出小伙子的虚荣和不可靠，做出明智的决定。

　　了解微动作，可以让你在一分钟看透人心。

　　在审讯中，微动作是审讯专家的秘密武器。在一次审讯中，审讯专家问犯罪嫌疑人："当时你在干什么？"犯罪嫌疑人说："我在时光小酒馆喝啤酒。"回答问题时他看着审讯专家的眼睛。审讯专家接着问："是罐装啤酒还是生啤？"犯罪嫌疑人迟疑了一下，回答："生啤。"他看着审讯专家的眼睛，但眨了三下眼睛。审讯专家从中意识到他可能在编造什么，进一步问他装啤酒的杯子是什么样的，犯罪嫌疑人的目光开始游离起来，而且越来越紧张，思想防线一点点被击破。

　　犯罪嫌疑人没料到审讯专家会问杯子的形状，在掩饰中逐渐露出破绽。审讯专家就是利用微动作一点点找到了真相，瓦解了犯罪嫌疑人的心理防线。

　　那么应该怎样利用微动作，洞察他人内心呢？

　　首先，了解一些典型的微动作背后的真相。

　　把自己的手指掰得咯塔咯塔的响——这类人精力旺盛，非常健谈，喜欢钻"牛角尖",如果是他喜欢干的事,他会不计任何代价而踏实努力地去干。

喜欢用脚或脚尖使整个腿部抖动——这类人最明显的表现是自私,很少考虑别人,凡事只考虑自己,对别人很吝啬。但是很善于思考,能经常提出一些意想不到的问题。

拍打头部——人们用这个动作表示懊悔和自我谴责,常做这个动作的人对事业有一种开拓进取的精神,他们一般心直口快,为人真诚,愿意帮助他人,但守不住秘密。

摆弄饰物——摆弄饰物的人大多是女性,这类人一般都比较内向,不轻易使感情外露。

抹嘴捏鼻——习惯于抹嘴捏鼻的人,大都喜欢捉弄别人,他们有一个重要特点,就是没有主见,体现在购物时轻易被销售员左右。

其次,注意观察细节。比如,目光也是非常重要的微动作,审讯专家就能根据受审者的目光方向,准确判断受审者的意图,从而找出审问的正确方式。

细微处泄天机,微动作是了解一个人内心真实想法的最有利线索。每个人在遇到外在刺激的一瞬间,在动作上都会有反应,这些小动作是本能的、无法掩饰的、不受控制的。意识到人们行为背后的情感和意图,会对你的生活很有帮助。

直面你讨厌的人,收起你的"尖刺"

在人际交往中,人有十分明显的好恶,在你周围总有那么几个令你讨厌的人，比如抽烟的人、经常借钱的人、爱背后说人坏话的人、在领导面前献殷勤的人……还有一种，曾经和你起过冲突，让你从心里记恨的人。

面对自己讨厌的人，大部分人的做法是敬而远之，或者直言不讳，直接表达自己的讨厌之情。这样做的危害就是你为自己制造了一个敌人，他有可能成为埋藏在你生活中的危险因子。

其实，你完全可以换一种心态对待你讨厌的人，即使做不成朋友，也不要为自己制造一个敌人。

孙先生住在二楼，楼上的邻居家里有小孩，经常蹦蹦跳跳，有时还会放声音很大的儿歌。孙先生本身有心脏病，睡眠也不是太好，楼上太吵了，就上去请楼上注意一点。没想到楼上的邻居十分蛮横，说在自己的家里运动，干别人什么事。从此两家就生了龃龉，孙先生也在小区经常说楼上的女人不讲理，怎样怎样……传到邻居耳中，跑到孙先生家大闹一场，后来还故意制造一些声响，弄得孙先生一家苦不堪言。一年后，他们只能把房子卖掉，把家搬走了。

噪音困扰可以通过沟通交流解决问题，但是孙先生却进一步激化了矛盾。虽然楼上邻居有错在先，孙先生的行为也让两家结下仇怨，闹到最后只能搬家。面对自己厌的人，要收你的"尖刺"，用更平和的方式解决问题会更好。

Lily在工作中是个积极主动的人，也做出一些成绩，但是她为人正直，看不惯公司一些不合理的现象，对自己讨厌的人也是毫不掩饰自己的感情，不懂用沟通解决问题，做得很辛苦，也没给领导留下好印象，产生了很多误会。后来她开始尝试用新的方式对待自己讨厌的人，问题放在桌面上让所有人参与解决，人际关系得到改善，也赢得了好口碑。

Lily 的性格比较直爽，对自己讨厌的人毫不掩饰自己的真实想法，得罪了一部分人，导致人际关系恶化。换一种处事方式，立即就能打开局面。

那么，该用什么方式与自己讨厌的人相处呢？直面你讨厌的人，收起你的"尖刺"。

首先，对事不对人。不管你多么讨厌这个人，也不要用有色眼镜看待他，要针对他所做的事情做出正确的判断。也许他有贪小便宜的习惯，但是他做事认真，是十分得力的合作伙伴，千万不要忽视这个优点。

其次，不要把对某人的讨厌挂在嘴上，远离是非。你很讨厌某人，不必与他人分享，因为说人是非，自己也会陷入是非之中。招惹是非的人，人缘也一定很差，记住这一点，让人觉得你是最可靠的那个人。

最后，学会忍让。有时候让自己受点委屈，却能为你营造和谐的人际关系。表达自己的厌恶之情很容易，但是再收回自己说的话就不可能了。做一个有肚量的人，朋友会越来越多。

谁都有自己讨厌的人，怎样与这些人相处是一门学问，记得调整自己的心态，收回自己的"尖刺"，不要因为自己讨厌的人影响人际关系，从而影响自己的发展。

第二部分
心态调节：掌握人生先从掌握情绪开始

为什么坏情绪总是左右我们？为什么我们的心态经常失去平衡？为什么许多不愉快积压在心上？这是因为你还没有学会情绪管理，任凭消极的情绪占据主导地位，让心灵堆满情绪垃圾。智慧可以打开快乐的源泉，情绪管理就是用正确的方式探索自己的情绪，然后调整自己的情绪、理解自己的情绪、放松自己的情绪。在日常生活中学一学控制心态、平衡心态，缓解不良情绪，为心态进行一次排毒，我们就会找回失去的快乐和幸福。

第四章

心态控制，不要再被坏心情左右

永远不要压抑你的情绪

一位女士咨询心理医生时说："最近一段时间，婆婆跟着一起住，生活习惯不一样，我压力非常大。不敢给老公说，怕他觉得我容不下他母亲；孩子还小也没办法交流；在家里也不敢表达出来，怕婆婆误会……三个月了，每天晚上都失眠，十分痛苦，我该怎么办？"医生告诉她，她是因为过于压抑自己的情绪导致的失眠，应该选择合适的方式宣泄出来。

人都有七情六欲，不顺利时，遭遇挫折时，难免会产生一些负面情绪。情绪是非常主观的，无所谓对与错，所以应该无条件地接纳。这时你要学会运用正确的方式表达自己的情绪。

你可能理解表达情绪就是发脾气，怕别人看透你的内心，怕发泄情绪影响个人形象……在这样的顾虑下，你不断地压抑自己的情绪，将会对自己的身体、精神产生极大的伤害。采取压抑的方式不敢把情绪表现出来，表面上看起来似乎已经没有了情绪，但是一旦情绪水位逼近或超过了警戒线，就可能因为无法控制而采用极端的方式，造成不可估量的伤害和痛苦。

心理分析大师弗洛伊德就认为，每个人的身体里面都有一座情绪水库，长期压抑情绪就会让负面情绪存放在情绪水库之中，如果情绪水位达到警戒线，个体就会开始出现脾气暴躁、无法适当控制情绪的情形，如果一直恶化下去，情绪水库就会崩溃，导致人出现心理疾病。电影里面的变态杀手很多都有长期压抑自己情绪而产生的心理疾病。

这绝不是耸人听闻，如果你有压抑自己情绪的习惯，是时候调节心态了。要想维持心理健康，就不要让自己的情绪水库累积太多的水量，要想办法将情绪宣泄出去。

陈先生有一段时间压力很大，总是试图压抑自己的情绪，但是压抑过后情况更糟，会对着老婆孩子发脾气，还把孩子吓哭了。他有个朋友，性情温和、待人友善，几乎没人见他生过气。陈先生向朋友请教，怎样做到不生气。朋友就带着他站在顶楼上对着天空吼叫。他说："心情不好或是受了委屈，不要压抑自己的情绪，想要发脾气找个没人的地方释放出来，比如对着飞机放声大吼，怨气也被飞机一并带走了。"陈先生恍然大悟，也参考朋友的方法疏解压力，效果果然很好。

朋友脾气好，是因为他知道如何适时宣泄自己的情绪。陈先生借鉴朋友的方法，也解决了自己的问题，由此可见，压抑情绪要不得，选择正确的方法宣泄才是可行的。

在不伤害别人、不伤害自己、不伤害社会的前提下，我们可以寻找合适的方式疏解自己的负面情绪。你可以试试下面这些方式。

一、倾诉。找父母倾诉，找同学倾诉，总之是你信任的人，在倾诉中获得某种心理安慰。其实很多严重的心理问题都是因为不愿意倾诉导致的，当苦闷遇到孤僻的时候，也就是严重心理问题滋生的时候。

二、睡觉。不管什么工作、学习、人情往来，关了手机大睡一场，睡醒后也许一切不愉快的事情都会烟消云散。精力充沛是战胜负面情绪的关键武器。

三、户外活动。徒步、骑行、羽毛球、篮球、游泳、潜水、健身操、瑜伽、骑马、高尔夫等这些户外活动都可以，情绪不好时，选择一项，在蓝天白云下尽情流汗，负面情绪也被带走了。

四、听音乐。只要是一个有感情的人，都会被音乐感染。轻快的音乐带来好心情，激烈的音乐让你觉得一切都是无所谓的，随着音乐节奏跳起来，就能赶走坏情绪。

五、大喊大叫。这是被无数人证明有效的方法，假如你不是一个害羞的人，完全可以尝试。选择空旷无人的地方，无所顾忌地放声大喊，把情绪宣泄得痛快淋漓。

你要知道，一味地压抑心中的负面情绪，并不能解决任何问题，在"压力山大"的情况下，你要调节自己的心态，学会舒解自己的精神压力，活出健康豁达的人生。

真正改变心态，还要靠你自己

一位哲人说："你不能延长生命的长度，但你可以扩展它的宽度；你不能改变天气，但你可以左右自己的心情；你不能控制环境，但你可以调整自己的心态。"心态，看似虚无缥缈，无可把握，其实真正的主

别败在不会调节心态上

别败在不会调节心态上

064

人就是你自己。想要真正改变心态，还是要靠你自己。

一位秀才第三次进京赶考，住在一家店里待考。考试前两天他做了三个梦，第一个梦梦到自己在墙上种白菜，第二个梦梦见下雨天他戴了斗笠还打着伞，第三个梦梦到跟心爱的表妹背靠着背躺在床上。秀才第二天赶紧找算命的解梦，算命的一听，惋惜地说："你还是回家吧。高墙上种菜白费劲，戴斗笠打雨伞多此一举，跟表妹背靠背是没戏呀！"秀才一听，心灰意冷，也懒得复习功课，回到店里唉声叹气，做文章也完全做不出来了。店老板觉得他精神非常不好，问他问什么，他把自己做的梦说了一遍。店老板说："我也会解梦的。我倒觉得这次你一定能中。你想想，墙上种菜不是"高中"吗？戴斗笠打伞不是说明你这次有备无患吗？跟你表妹背靠背躺在床上，不是说明你翻身的时候就要到了吗？"秀才一听，更有道理，一下子精神百倍，书也会读了，文章也会做了，参加考试居然中了个探花。后来他找店老板道谢，店老板说："我哪会解梦呀，我看你无心考试了，捡好听的说罢了。"

秀才本来有真才实学，但是被算命先生打击失去了信心，变得十分消极，即使去考也考不了好成绩；但是店家的一番话，让他完全调整了心态，果然金榜题名。可见，真正改变心态，还要靠他自己，自己想通了，心态自然就转变过来了。

爱默生说："一个朝着自己目标永远前进的人，整个世界都给他让路……"这些话虽然简单却很经典。

在现实生活中，你确实能看到自己的缺点，比如，你觉得自己没有勇气，你怪自己看问题太消极，你觉得自己经常受情绪影响，你觉得自己遇事钻牛角尖……但是你又在抱怨，这些都是天生的，无法改变。其实，命运掌握你自己手里，你要用自己的力量改变自己的心态。

在滑铁卢战役中，威灵顿将军的军队不敌拿破仑的军队，屡战屡败，他和他的士兵们身心疲惫，都丧失了继续作战的信心。阵地被法军击破，部下被敌人俘获，威灵顿仓皇地逃脱，躲在残破的屋子里避雨。他在内心已经认定"我是个失败者"。就在这时，他忽然发现墙角处有一只蜘蛛在风中拼力结网，网结好了，一阵大风又把网吹坏了。蜘蛛一点也不气馁，重新拼力结网。风雨又一次将蜘蛛吹落，它一次次慢慢爬起，终于把网结成。将军被蜘蛛的行动深深感动，他终于意识到自己只要努力，可以扭转败局。他整理好衣服，招呼失散的部队，重整旗鼓，最终在滑铁卢战役中打败了赫赫有名的拿破仑，取得了战争的最后胜利。

威灵顿将军心态的转变就是在一瞬间，他战胜了自身的懦弱，鼓起了勇气，最终扭转了败局。学会调节心态，即使苦难也能鼓起勇气，创造奇迹。

怎样靠自己改变心态，做心态的主人呢？

首先，要懂得生气不如争气。人生有顺境也有逆境，不可能处处是逆境，面对挫折，不要一味地抱怨、生气，要看到自己的缺点，要争气改变自己的错误心态，做生活的强者。

其次，要做到相信自己。自信是一种力量，更是一种动力。当你不自信的时候，你很难改变自己的心态，那么你就什么也做不好，然后更加不自信。这是一种恶性循环。若想从这种恶性循环中解脱出来，就得跟自己做斗争，树立牢固的自信心。

最后，要懂得心动更要行动。虽然行动不一定会成功，但不行动则一定不会成功。你想拥有什么样的心态，就行动起来，朝着目标努力。一个人的成功是在行动中实现的。

不要再为自己的错误心态唉声叹气了，你就是心态的主人，要想改变心态，首先要战胜自己。相信你自己的力量，勇敢地行动起来，一定能让自己焕然一新。

别败在不会调节心态上

必要的时候做做心理咨询

赵娜的家庭是再婚家庭。再婚五年，只要一下班看到丈夫坐在电脑前，一边玩游戏，一边喝可乐，她就会很生气。赵娜质疑丈夫："你提前下班就不能收拾一下？"丈夫说："我也刚下班，累了一天了，刚打开电脑玩一会儿。"赵娜很委屈，结婚后家务活全落在了自己身上，丈夫几乎什么都不做。而前夫在干家务上，绝对是把好手。赵娜一直这样想，越想越生气，竟有点后悔嫁给了现在的丈夫。她把想法告诉同事，同事劝他俩一起去做做心理咨询，但是赵娜觉得没有必要。一段时间后，赵娜就离婚了。

看似是小事，但是隐含着危机，如果赵娜及时进行心理咨询，也许可以避免第二次的婚姻失败。

在中国，心理咨询是新兴行业，很多人对这个行业存在一定的误解，认为"神经病"才会看心理医生，非常忌讳被认为"心理有疾病"；还有人认为心理咨询就是普通的聊天，并没有多少实际的意义。显然，这些都是错误和偏激的。

在欧美发达国家，即使"心理医生也有自己的心理医生"，这说明心理咨询十分普及，人们关注自己的心理和情绪健康，并不认为心理疾病有什么见不得人的地方。现代人生活节奏较快，工作压力较大，难免会产生不健康的情绪和心理，如果及时求助心理医生，寻求正确的方法，对心理健康和生活质量十分有好处。

张某，男，18岁，某高中学生。他从小学习很好，经常考第一，但经常和别人打架，几乎天天被人找上门，他父亲十分生气，经常打他，但他仍旧不改。到了中学，学习仍然很好，可恶习不改，还经常和老师闹别扭。班主任苦口婆心劝说，他就是很难管住自己。后来，在万般无奈之下，父亲带他去做心理咨询。在做过基本的心理测试后，心理咨询师发现他易怒冲动的根源在于他患有中度强迫症，了解了他的心结，经过疏导、干预和一些阶段性训练，帮助他战胜了强迫症，慢慢的他的脾气和顺起来，也不再轻易与人打架了。

张某是我们司空见惯的"问题生"，我们很难想到他打架斗殴是因为强迫症引起的，因为及时进行心理咨询，找到他的心结，终于帮他战胜了心理疾病，避免了更严重的事情发生。由此可见，心理咨询是十分必要的。

心理咨询有哪些好处呢？

首先，帮助调节心态，保持心理健康。生活中遭遇的不如意、不遂心事件会在人的心理形成创伤，如同人身体上的伤口一样，如果没有得到治疗和排解，就会越来越不良、沉重、从而危害心理健康。心理咨询可以找到正确的解决途径，帮助你保持心理健康。

其次，帮助你摆脱心理疾病。心理不健康长期发展下去，就会成为一种疾病，使人们备受折磨与痛苦。药物治疗只是起到暂时的调节和缓解的作用，不可能根治心理疾病。因此，心理问题必须通过心理咨询和治疗的方式来解决。

最后，心理咨询可以指导你的人生之路。心理医生大都见多识广，视野开阔，与心理医生聊一聊，做一下心理咨询，你可以学会把握情绪的方法，理性思考未来，及时调节心态、平复心情，对人生会起到非常积极的作用。

心理咨询的过程实质上也是一个人成长的过程，而成长离不开人类

别败在不会调节心态上

智慧的引领，心理咨询师实质上可以充当经验的总结者、人生的感悟者、智慧的开创者。所以，必要的时候，一定要放下成见，去求助心理咨询。

及时清理坏情绪留下的心理垃圾

人生虽然短暂但是充满坎坷，随着岁月尘霾的堆积，一个人心灵也会挤满各种各样的由坏情绪制造的"垃圾"，这就是心理垃圾。心理有垃圾的人，会表现怨恨、恼怒、厌烦等症状，如果不能及时清理，思想和心灵就会布满灰尘，就会做出很多错事、傻事，使人生的道路充满坎坷。

也许你第一次听说"心理垃圾"这个词，也从来没有关注过自己的内心，但是从现在起，你要检视一下自己的心灵，看看自己有没有心理垃圾，学会定期打扫和洗涤自己的思想，使自己更好地工作和生活，享受工作的快乐和生活的幸福。

小丁出席聚会时，多半的时间会坐在卫生间的抽水马桶上，捧着漫画书，听外面谈笑风生，自己的内心却一直在挣扎。这是因为在一年前的一次聚会上，有人谈起绘画中的后现代艺术，小丁也拣自己知道的说了一些，但是立即招致一些人的批驳。最后一位男士大声说："一个女人懂什么后现代艺术。你们批驳她也显得太没水平了。"在场的人很多都笑了，小丁当时恨不得找个地缝钻进去。后来，小丁一直处于懊悔、羞愧的情绪中，特别是一参加聚会，一看到那些高谈阔论的男人们，就觉得害怕，于是就爱上了卫生间，经常一个人躲着。

一次不愉快的经历给小丁带来了心理伤害，她对聚会产生恐惧，没有及时清理懊悔、羞愧等情绪，堆积起来就造成她只能到卫生间寻求安全感。如果不清理情绪垃圾，她的心可能还会在自卑又自大的漩涡里煎熬，甚至会患上社交恐惧症。

有人总结了八个问题，当你产生不愉快的情绪或负面思考时，可以自问自答，帮助你理清思绪。问题如下：

1. 我现在想要用什么感觉来代替不快？

2. 我现在如何能拥有快乐的感觉？

3. 怎样将注意力集中在如何获得快乐上，而非生气的原因上？

4. 这种状况对我有什么好处？

5. 现在的状况还有哪些地方不完美？

6. 我现在愿意做哪些事以便达到所需要的结果？

7. 我从现在开始不再做哪些事情，以便达到想要的结果？

8. 我现在如何来做这些事情，并享受过程？

除了自问自答清扫情绪垃圾，你还可以试试这些方法：

一、别老盯着过去。成绩能鼓励人奋进，可也是压力的来源之一，不愉快的体验有时也会遮挡你的视线，告诉自己，抛开过去的束缚，才能拥抱美好的今天。

二、丢掉无价值的资料和书籍。很多书尘封在书架，很多资料堆积在房间，这些东西都有记忆的痕迹，定期"辞旧迎新"是相当有必要的，把旧书送给需要的人，扔掉购物单据、缴费发票等，给生活腾出更大空间放置好心情。

三、与不适合交的朋友"拜拜"，删除从未联系过的联系人。有些朋友会给你带来负面情绪，有的交往不多，有的甚至被你忘记了名字，那你不妨删去他们的号码，给自己建立正能量的氛围。

心灵的房间，不打扫就会落满灰尘。蒙尘的心，会变得灰暗和迷茫。我们每天都要经历很多事情，开心的，不开心的，都在心里安家落户。事情一多，就会变得杂乱无序，心也跟着乱起来。痛苦的情绪和不愉快的记忆，如果充斥在心里，就会使人委靡不振。所以，扫地除尘，能够使黯然的心变得亮堂起来，请及时清理心理垃圾。

几个小动作，就能让你马上开心

有成年人在网上叙述自己"不开心"的烦恼："不知自己究竟怎么了，做什么事都提不去精神，平常自己喜欢做的事现在做起来都觉得很没劲、无聊！我伪装很久了！开心对我来说那么遥远，我怎么做才能觉得开心？"

也有高中生求助："这几个月，坐在教室里总是胡思乱想，没什么目的性，感到人生没什么方向感，想着社会的现实和残酷。我就变得沉闷，越来越不开心……"

为什么我活得不开心？成了很多网友关心的问题，成年人这样，未成年人亦如此。其实这是心态在作怪。改变不了环境可以改变自己，固守自己的观念，不肯改变，不肯调节自己的心态，势必会不快乐、不开心。

怎样才能让自己马上开心呢？改变心态，任何苦难都是人生的馈赠。认识到这一点，你就能了解人生真谛，慢慢开心起来。在这个过程中，也有小妙招可以辅助，比如做几个小动作缓解压力，给自己积极的心理暗示，微笑就是其中十分重要的一个动作。

有一位老人，在他72岁时遭受严重的挫折，他一生为之奋斗的零售集团在一夜之间破产了。人们对这位闻名遐迩的世界级企业家议论纷纷，有人认为他将穷困潦倒度过余生，有人认为他神经受到刺激甚至会得老年痴呆，也有人认为他会以自杀来结束自己的生命。然而，当这位老人出现在人们眼前时，依然神采奕奕，脸上挂着微笑匆匆行走在大街小巷。过了一段时间，老人和几个年轻人合作，开办了一家网络咨询公司，向自己陌生的IT产业发起了挑战。面对新的行业，老人并没有显得缩手缩脚，加上他合理地运用了过去积累起来的经验，没多久就把生意做得红红火火。一年后，老人事业又一次获得成功。当记者采访老人，问他为何能够在一年时间里反败为胜，老人快乐地大笑起来，久久不语。记者等了好久，重复提起这个话题，老人第二次快乐地大笑起来，他说："其实，我已给出答案！"记者恍然大悟——保持微笑是老人东山再起的法宝。这位老人就是日本著名企业家——和田一夫。

微笑能释放压力，能给自己积极的心理暗示，也能让别人看到你的自信和勇敢，老人就是靠这件法宝东山再起，再一次获得成功的。

在日常生活中，工作一天回家后，你是不是曾经摔钱包、扔手机、扯领带，其实这些小动作都能帮助你丢掉工作中的压力，让你轻松起来。除了这些，还有什么呢？

起床后深呼吸、伸懒腰：一日之计在于晨，起床后第一件事就是打开窗户，呼吸一下新鲜空气，给大脑补充一下能量，然后面对初升的太阳伸懒腰舒展一下身体，你会一下子精神焕发，为一天的好心情打下基础。

转圈跑：快速转圈跑，停下时再握住手大口大口呼吸，把一切怨气都呼出去。

出门后与邻居挥手打招呼：走出家门，全新的一天开始了，这时你不妨带着微笑，与碰上的邻居、同事主动挥手打个招呼，他们也会回报你同样的微笑和问候，让你一下子开心起来。

整理办公环境：工作前先花点时间把堆积如山的文件分门别类，并用自己喜欢的饰品装饰办公桌，这样可以减轻你心中的焦虑。

站起来活动一下身体：工作有点力不从心时，不妨动动身体，试着走到窗边沐浴一下自然光线，这会帮助你转换思路、缓解紧张，让你的心情有所改善。

在回家路上小声哼哼歌：一天的辛劳过后，在回家路上，不妨听听音乐、哼哼喜欢的歌，音乐不仅能带来美好感受，还能帮你转移注意力，忘掉工作中的不快。

试着在生活中做一做这样的小动作，也许你会惊喜地发现：坏心情被赶走了，你一下子变得开心起来。还在等什么，试一试吧！

愤怒一触即发时，请迅速熄灭怒火

在工作和生活中，人与人之间难免会有小摩擦、小冲突，如果人学不会自控，怒火一触即发，冲突就会愈演愈烈，不仅影响工作、伤害感情，还有可能酿成更大的悲剧。

王先生平时开车上下班，在早上八点高峰期遇到堵车，眼看就要迟到了。车的长龙好不容易向前移动了一点，可是前面的车等在那里纹丝不动。王先生很着急，不停地按喇叭，然而前面的司机却雷打不动。王先生一下子变得很愤怒，他握着方向盘的手开始发抖，额头开始出汗，心跳加速。前面的车依旧是停滞不前，王先生终于没有忍住，打开车门冲上前去，猛敲对方车门，结果前面的司机也不甘示弱，打开车门，冲了出来。就这样，一场恶斗在大街上展开了。结果王先生把那个人的胳膊打骨折，犯了故意伤人罪，他受到了法律的制裁，还因此丢了工作。

在堵车时，人的情绪往往是比较激动，也非常容易生气。王先生平时是一个十分和善的人，但是遇到前车挡路的情况，也难以控制自己的怒火，一时失控，就大打出手。本来是怕迟到，但是一场架打丢了工作，还受到法律制裁。王先生的经历告诉我们，怒火一触即发时，必须学会调节自己的心态，控制自己的情绪，熄灭怒火，别败在不会调节心态上。

在电视剧《继母》中，年轻的继母看到孩子有意与她为难而捉弄她时，非常气愤，发火摔碎了玻璃杯。但是她马上意识到这样做是不对的，可能使矛盾进一步加深，她想到了当妈妈的责任和应有的理智，想到了假如自己是孩子希望继母是什么样的，便顿时消除了怒气，打扫玻璃渣并主动向孩子道歉。此后，经过她的努力，孩子逐渐接受了她，她也享受到了家庭的温暖。

当怒火即将燃烧时，在内心估计一个后果，想一下对方的感受，就一定能控制住自己的心境，缓解紧张的气氛。

如何熄灭自己心中的怒火呢？在工作和生活中，掌握一些自我息怒的技巧是十分有益的。

其一：发现愤怒的本质。愤怒并不是你遇到的事是多么令人难以接受，因为很多人面临与你相同的情况时，都不会那样生气，心都能保持冷静而不被怒火所控。这说明，愤怒起源于你的内心，而你也有能力熄灭它。你应当停止责怪别人，从自己内心拔掉愤怒的根。

其二：放慢语速，让自己平心静气。先降低声音，继而放慢语速，最后挺直胸部。降低声音、放慢语速都可以缓解情绪冲动，而胸部向前挺直，就会淡化冲动紧张的气氛。因为人情绪激动、语调激烈时通常都是胸部前倾的，使自己的脸接近对方，这种讲话姿态能人为地造成紧张局面。

其三：闭口倾听。如果发生了争吵，切记免开尊口。先听听别人的，让别人把话说完，要尽量做到虚心诚恳、通情达理。等"气头"过后，矛盾就较为容易解决了。学会倾听会使对方意识到自己受到尊重，可以压住了自己的"气头"，同时有利于削弱和避开对方的"气头"。

其四：换位思考。在人与人沟通过程中，心理因素起着重要的作用，人们都认为自己是对的，对方必须接受自己的意见才行。如果双方能够交换角色而设身处地地想一想，就能避免双方大动肝火。

愤怒是一种心理痛苦，当你不知如何处理愤怒时，就会把它扩散到周围的人身上，必然会发火，即使伤害别人也难以停止。你要学习如何处理自己的愤怒，寻求合适途径化解愤怒，才不会让它四处扩散。你才能迅速熄灭怒火，享受内心的平静。

第五章
心态转移，把你的不爽移到别的地方

身心俱疲时不妨暂停工作

现代人生活节奏快、压力大，"累"是一种集体感受。每个人都要面对就业、工作、房子、孩子、父母等一系列问题，一段时间得不到休整，就会身心俱疲，出现亚健康状态。

"今天是公司新店开张的日子，但我的心里却不时地希望它出点意外。""新项目就要参加竞标了，一点亮点没有，失败是注定的。""讨厌上班讨厌领导，工作没有兴趣。"如果你曾有过这样隐秘的想法，可能你的身心已经处于疲劳状态，内心也充满了抱怨的负能量。每个人都有自己的"情绪周期"，人难免会陷入莫名的情绪低迷阶段，在身心俱疲时，情绪自然会进入低谷。

小秦刚参加工作时，信心满满，但是不久就发现，主管爱吹毛求疵，自己的任务永远都是难以完成，被主管批。为了完成业务目标，小秦没时间谈恋爱，也没时间看望父母，像陀螺一样转个不停，每天回家都是倒头就睡。后来，小秦去理发，理发师在他头顶发现了一块硬币大小的斑秃，这让 27 岁的小秦非常焦虑，他一直在思考是不是换一份工作。

汽车运行一段时间就要进行保养，其实人也一样。身心俱疲，却舍不得暂停工作，舍不得让别人占据了上风，舍不得手里没做完的项目，舍不得已经得到的一切。但是你不要忘记，假如你身体出现了问题，也照样被踢出局；如果你心理出问题，终日抑郁，也照样影响工作。暂时放下工作，能够得到长远的好处，我们何乐而不为呢？

35 岁的晓明是一家报社的主编，把工作做得有声有色。深受业界好评。但是，随着年龄的增长，他越来感觉到很多事情力不从心，每天晚上都觉得很累，早晨起来精神状态也不是太好。随着新人不断加入，他感觉自己已经有点落伍了。经过深思熟虑，他辞职了，开始休息。在休息这段时间，他一边锻炼身体，一边和很久不见的朋友、同学相聚，还报考了研究生。经过一段时间的调整，晓明的身体、精神都好了很多。更重要的是，他还在这段时间积累下了广泛的人脉，这为他继续出发奠定了良好的基础。两年以后，他创立了自己的报纸，最终做了老板，事业获得成功。

晓明的事例说明通过暂停和重启，事业可以达到螺旋式上升。如果他一直处于力不从心的状态，也许时间久了就会被淘汰。再好的工作做久了都会懈怠，会觉得重复单调。这个时候我们不如调节自己的心态，像晓明一样歇一歇，放松一下心情，补充一下能量，扩展一点人脉。具体你可以这样做：

首先，心情不佳时，先不必急于工作。心情压抑时不要急于进入工作，可以先做自己喜欢的事情，比如浏览摄影作品，读几篇小文，再以崭新的面貌进入工作状态，消极的情绪就会得到缓解。整理好心情再去工作，会让你信心倍增，产生知难而上的挑战欲。

其次，关注自己的身心。时刻关注自己的身心健康，关注情绪的小信号，及时放松自己。当你决定休息时，就不要一直挂念工作和职位，不然即使身体有所好转，内心里还是感觉疲惫。要休息就要好好休息，一定要从身心两方面调节自己。

最后，条件允许的话给自己放一次长假。有条件的话可以为自己放一个长假，利用长假去旅行，去学一门新技术，去结识更多的朋友。这种方式的放松，让你收获更多。

当你忙到身心俱疲却没了方向的时候，不妨停下来休息一下，找找方向，听听内心的声音。生活需要有张有弛，拿健康和生命做赌注，来换取想要的东西是最不划算的。如果累了。歇一歇，调节好身体和心态再次出发，可以更好地向目标冲刺。

记住该记住的，忘记该忘记的

记住该记住的，忘记该忘记的。很多人都明白这个道理，但是却很难做到。有一个佛教小故事流传很广。

一个老和尚带着徒弟一起去化缘，小和尚毕恭毕敬，什么事都按照师父的嘱咐去做。这日他们走到河边，正好看到一个美丽的女子要过河，河水湍急，女子不敢下水。老和尚就背起女子过了河，女子道谢后离开了。小和尚心里一直在想，师父是出家人，怎么可以背一个女子过河呢？但他又不敢问。一直走了几十里地，他实在忍不住了，就问师父："我们是出家人，您怎么能背那女子过河呢？"师父淡淡地说："我把她背过河就放下了，可你却背了她几十里还没放下。"

老和尚的话充满禅意，但仔细想想非常有道理。人的一生像是一次长途跋涉，不停地行走，沿途会看到各种各样的风景，历经许许多多的坎坷。但如果把看到的或者经历过的都牢记在心上，就会给自己增加额外的负担。时间越久，压力就越大。所以，过去的已经过去了，时光不可能倒流，对有些事我们不必耿耿于怀，只记住该记住的，把该忘记的都忘记。

阿拉伯有个作家叫阿里，有一次和朋友马沙、吉伯一起去旅行，三人走到一处山谷的时候，马沙不小心失足滑到，差点掉下悬崖，幸亏吉伯拼命拉他，才将他救起。于是马沙在附近的大石头上刻下："某年某月某日，吉伯救了马沙一命。"三人继续走了几天，在途中，吉伯跟马沙为一件小事吵了起来，吉伯一气之下打了马沙一耳光，马沙跑到沙滩上写下："某年某月某日，吉伯打了马沙一耳光。"阿里好奇地问马沙为什么要把吉伯救他的事刻在石头上，而将吉伯打他的事写在沙上。马沙回答："我永远都感激吉伯救我，我会记住的。至于他打我的事，我会随着沙滩上字迹的消失，而忘得一干二净。"

马沙做人的态度值得我们学习：牢记别人对你的帮助，忘记别人对你的不好。只有这样，人才会懂得感恩，懂得放下心理包袱，轻装上阵。

什么事情是需要我们记住的？

其一：曾经感动过我们的人和事。那些感动我们的人和事，会给我们带来巨大的精神力量，让我们时刻追问、反思，促进我们成长。

其二：曾经激励过我们的人和事。在困境中，一句激励的话语，一个鼓励的微笑，都曾给我们力量，让我们鼓起勇气追求自己的理想。记住这些人和事，让人生更加丰盈。

其三：值得我们感恩的人和事。人生中最不能忘记的是那些帮助我们的人，懂得感恩，懂得回报，才能拥有更多朋友，在自己遭遇困境时才会有更多的人伸出援助之手。

什么事情是需要我们忘记的？

其一：忘记昨日的成绩。成功和失败一样会留在过去，老是沉湎过去，拿明日黄花当眼前美景，让过眼烟云在心头永留，沾沾自喜，自鸣得意，便会不思进取，裹足不前。

其二：忘记过去的痛苦。印度诗人泰戈尔说过"如果你为失去太阳而哭泣，你也将失去星星"，为鸡毛蒜皮的小事斤斤计较，为陈芝麻烂谷子耿耿于怀，只会让心理不堪重负，未来也会被痛苦的过去牵制。

其三：不要念念不忘别人的坏处。对别人的错误念念不忘，实际上深受其害的是自己，放下仇怨，你才能变得快乐轻松。

人生不如意十之八九，要让自己快乐，就必须转变心态，学会为自己减压，减压的好方法就是学会取舍，记住该记住的，忘记该忘记的。记住某些事某些人，忘记某些事某些人，洒脱的人生应该心无挂碍，你学会了取舍，便会觉得生活是如此美好。

如果这件事让你不高兴，不如试试别的

如何才能幸福？怎样才能开心高兴？这是普通人常常思考的一个问题。科学家也通过研究得出答案——做你喜欢做的事情。这个道理看上去显而易见，但是很多人不花太多时间认真思考什么事情是自己喜欢

的，什么事情让自己高兴。

在一项调查中，心理学家请九百多名职业女性写出自己前一天做过的每一件事，然后根据这份说明来为在做每一件事时的快乐程度打分。每天在不喜欢甚至是痛恨的事情上浪费了很多时间的女性，精神面貌大都不太好，幸福感也差，开心对于她们来说也是奢侈品。当受调查的女性知道这一结果后，有一些人居然掉下了眼泪，开始深深地反思自己。

幸福是可以由自己创造并控制的，如果这件事让你不高兴，试着选择自己喜欢的事情来做，幸福感就会得到提升。

大多数人做一件事，出于各种目的，比如为了养家糊口、为了别人的看法、让自己看起来更加成功……但是这件事让他高兴了吗，他们一点也不关心，他们只一味盲从所谓社会规范，畏首畏尾，瞻前顾后，把想做的事情、想说的话全部埋藏在心底。

你有没有这样的特点呢？如果有，你有没有反思过、后悔过：我这样忍耐，到底有什么意义？到底是为了什么呢？

压抑自己的真实意愿去做难以令自己高兴的事情，会给你的心理带来很大的负面影响。首先是不喜欢的事情难以做出成绩，即使做出成绩也是暂时的。另外，为了别人的看法做自己不喜欢的事情，压抑自我，久而久之，精神健康就会受到极大影响，同时给别人带来无穷的压力。

所以，你要做的是尽快改变自己的心态。这件事做得不高兴，就去试试别的，千万不要再压抑自己。

有个公司白领，他有人人称美的优越工作和高薪，但是每日出去应酬，没有时间享受生活，这份工作做得非常不开心，患上了抑郁症。在心理医生的鼓励下，他毅然辞掉工作，逃离了灯红酒绿的都市生活，奔赴从小就向往的高原。在那里，他与大自然亲密接触，身心都得到极大舒展，抑郁症也治愈，仿佛开始了第二次崭新的人生。

有一位作家，从小喜爱写作，一直勤奋耕耘，但是他的作品始终无人肯出版。但是作为他热爱的事情，他一直没有放弃，坚持创作，因为这是他人生最大乐趣所在。在生活最艰难的时候，他仍然用笔记录下人生的真实感悟，最后终于感动了出版商，作品得以面世。

两个人虽然经历不同，但是有一个共同特点。就是选择自己高兴的事情做，白领毅然放弃自己不喜欢的工作，作家一直坚持做自己喜欢的事情。他们活得洒脱自由，成就了幸福人生。

如果这件事做得不开心，就试试别的，只要不脱离社会轨道，不违反道德标准，都是可以的。你要做的是听从内心的呼唤，从心出发，积极而大胆地活着。

具体应该怎么做呢？这里有一些建议。

首先，不要太在乎别人的目光。人活在世上，无论是自由地活着还是忍耐地活着，都难免被人议论。既然如此，那么何不选择随心所欲的生活呢？何不选择做自己喜欢的事情、令自己开心的事情呢？至少，这样你才能对得起自己，才会觉得人生更有意义。

其次，某件事让自己不高兴时立即停止，认真思考一下。这件事让你不开心，就不要坚持了，立即停止，思考一下自己喜欢的生活是什么，不刻意隐瞒自己的真实感情，"回归最原始的自我"，选择自己最喜欢的事情去做，让自己高兴起来。

最后，找不到自己不开心的原因时，不妨问自己一些假设性的问题。有时人很难把握自己的内心，如果这段时间不开心，就问自己一些假设性的问题，比如"我真的喜欢这份工作吗？""我是因为没钱而不高兴吗？""假如还是做这件事，但是薪水翻了一番，是不是我就开心了？"通过问自己一些问题，认清自己的真实想法，尝试做自己喜欢的事情，你会一点点变得开心。

其实要让自己快乐起来，并不需要做多大的改变。如果你能从每天浪费在讨厌的事情（比如谈生意、应酬等）上的时间里拿出一个小时，去做你喜欢的事情（比如阅读、看电影、喝咖啡），你就能体验到立竿见影的开心和幸福。还在等什么？赶紧采取行动吧！

你要用情绪正能量感染他人

情绪到底有多大的能量呢？两个陌生人，一个脸上挂着笑容，一个愁眉苦脸，你更乐意和谁交往呢？当然是脸上挂着笑容的人。因为正面情绪让人心情愉快，负面情绪会让人变得消极悲观。事实上，情绪是有传染性的，通过你的姿态、表情、语言传达给别人，让别人在不知不觉中受到你情绪的影响。

心理学家曾经做过一个实验，将两个悲观的人分别和一个乐观开朗的人和一个整天愁眉苦脸的人放在一个房间，让他们一起聊天、吃饭，一个小时后，和乐观的人在一起的人变得开心乐观起来，脸上也开始出现笑容，而和愁眉苦脸的人在一起的人，变得更加悲观，脸上布满愁容。

仅仅一个小时，不管是正面情绪，还是负面情绪，都会传播出去。这种感染过程是在不知不觉中完成的，当事人也难以觉察到。所以，具有正面情绪的人走到哪里都能带去欢声笑语，你应该用情绪的正能量去感染别人。

也许你没有意识到这一点，拥有情绪的正能量对你来说有非凡的意义。

首先，在第一印象形成过程中，情绪占据十分重要的地位。好情绪是人际关系的润滑剂，当你与人交往时表露出正面情绪，就会将好的信息传递给对方。在你与陌生人打交道的过程中，你的负面情绪可能引起对方的负面情绪，当对方情绪糟糕时也无法对你产生良好的第一印象。

其次，情绪的正能量能帮助你战胜人生的挫折，影响周围的人。百万富翁自杀的消息并不鲜见，对于这类成功者来说，没有积攒正面情绪，当打击到来时，他们的人生就垮了。而一些普通人，过着清苦的生活，却因为乐观积极，把生活过的快乐、充实，也影响了周围的人。

张骏是一名高二学生，学习成绩很好，但是不能遭遇一点打击，稍微有一点点退步，他就会担心自己是不是不行了，追不上其他同学了。班主任找他谈话，他说感觉自己是一个笨孩子，一退步肯定难以再追上去了。班主任不知道他为什么这么消极，就侧面对他的家庭进行了了解。原来张骏来自单亲家庭，他上小学时，父母离婚了，他的母亲变得十分悲观，经常愁眉苦脸，还对着张骏说自己没什么魅力，不然不会被抛弃。在这样的家庭氛围中，张骏也变得非常消极悲观。

孩子会模仿家长的面部表情和身体语言，完全是无意识的，当家长悲观消极时，也会把坏情绪传染给孩子。张骏就是一个受害者，母亲的不自信加重了他的自卑。只有他的母亲自强自信起来，张骏的性格才会慢慢转变。

那么应该怎样用正能量感染别人呢？你不妨试着这样做。

首先，学会微笑。当别人看到你微笑的时候，他们的嘴角也会上扬。同样，当别人看到你皱眉，他们的眉毛也会开始皱起来。你既会受到别人的影响，也会影响到别人。与其让别人用消极的情绪带给你负能量，不如用自己的微笑去感染别人，带给别人正能量。学会微笑并将它传播开来，让周围的人都感到同样的热情和能量。

其次，学会倾听和鼓励。要想让自己的正能量感染别人，就应该学会倾听和鼓励。不管是闺蜜向你倒婚姻的苦水，还是同事大骂领导不通情理，你要做一个好的倾听者，然后从正面引导他们向积极的方向转变，鼓励他们调整心态。

其实，在每个人的心中都有两个不同的能量区，一正一负，你的心态、情绪都会受到这两种能量的影响。如果你自信、阳光，那么就会释放出正能量，推动你走向成功。把你的正能量释放出来，影响周围的人，你的心也会充满阳光和快乐，何乐而不为呢？

换个活法，遇事别钻牛角尖

有一则寓言故事叫《牛角尖中的老鼠》，讲的是老鼠钻到牛角尖里去了，跑不出来，却还拼命往里钻。牛角对它说："朋友，请退出去，你越往里钻，越没有路。"老鼠不听，自称是百折不回的英雄，决不后退，还是坚持自己的意见。不久，这位"英雄"便活活闷死在牛角尖里了。"钻牛角尖"就是用来形容遇事不知变通，一味固执己见以至于走到绝境的人。

大家都觉得钻牛角尖不正确，但是还是有很多人避免不了出现错误的心态。他们眼界狭窄，对人生没有宏观考虑，更不会听取别人的意见，即使屡屡失败遭遇挫折也难以转变思想，从来没想过换个活法，让自己处于危险的境地。懂得变通和不懂变通，完全会成就不同的人生。

两个欧洲人到非洲去推销皮鞋。由于非洲天气炎热，那里的人向来都是赤脚，没有穿鞋的习惯。第一个推销员看到这种情况，立刻失望起来："这些人都打赤脚，怎么会要我们的鞋呢?"于是他沮丧地回去了。另一个推销员看到非洲人都赤脚，惊喜万分："这些人都没有皮鞋穿，皮鞋市场大得很呢!"于是，他想方设法引导非洲人购买皮鞋，最后他发大财而回。

两个推销员来同一个地方推销皮鞋，一个人不懂变通，一味钻牛角尖，失败而回。而另一个懂得从另一个角度看问题，灵活变通，结果获得了成功。由此可见，心态决定了成败。

有时候，你觉得你生活得很糟糕，你想做成一件事但是一直失败，你一直努力维持家庭却没有好的结果……也许这时你需要做的不是固守原来的想法，而是试着换个活法。看似没路了，换个角度路又会出现在眼前。山穷水复疑无路，柳暗花明又一村。

张姐结婚才两年，但是两人矛盾不断。老公婚前烟酒不沾，很勤快，对她言听计从，婚后却抽烟喝酒，从不做家务，还偷偷存起了私房钱……张姐一直觉得自己嫁错了人，动不动就和老公大吵大闹。老公和多年未见的哥们见面，喝了很多酒，直拿眼色向张姐求饶，仿佛做错事一样，但是张姐还是夺过他的杯子，毫不留情地让他回家。老公觉得失了面子，当时虽然没发作，但是回家后一直与张姐冷战。张姐很委屈，不觉得自己做错什么，不过是让老公"养成好习惯"，为什么他就不懂呢?

男人贪杯，往往是女人的心头恨。可是，有时在特别重要的场合贪杯其实是他的社交需要。张姐不能容忍老公的一点错处，一直拿婚前的那个完美的爱人相比较，就会陷入钻牛角尖的误区，引起家庭矛盾。如果此时她转变一下做法，为他送上一壶醒酒茶，他一定因此心怀感激，以后会将功补过的。

夫妻相处如此，人生也应如此。那么，应该怎样避免钻牛角尖，换个活法呢？

　　首先，面对现实，接受人生的不如意。懂得知足，这种功夫才令人敬佩。现实不管多么残酷，只要能看透生命的真相，无论顺境、逆境都能面对现实，接受不如意，然后一一分析清楚原因，当然能够冲过重重难关。

　　其次，遇事多角度思考，懂得参考别人的意见。现代人在心理、精神、观念上都很脆弱，缺乏坚强的意志，容易走极端，这也是因为遇事不能从多角度思考。懂得参考别人的意见，换个角度看事情，也许你一下子就会豁然开朗。

　　最后，反复在一个地方摔倒时，就试着换一个目标、换一种方法。你尝试一种方式解决问题，如果反复失败，就应该反思一下自己，转换一下方法和目标。死守着一种方法、一个无法实现的目标，结果就是路越走越窄，最终的结果还是失败。

　　有句话说得好："日出东海落西山，愁也一天，喜也一天；遇事不钻牛角尖，人也舒坦，心也舒坦。"遇事钻牛角尖，活得很辛苦，容易走向消极的道路。拥有乐观的心态，一些心理的困境就能化解，大不了换个活法，一切都会好起来的。

第六章
心态平衡，找回失落的内心世界

用积极情绪替代负面情绪

负面情绪的出现，有客观的原因，但是最重要的还是你的心态。同样一件事，不同的人去看，会产生不同的情绪，有的是正面的，有的是负面的。想战胜苦恼、忧愁、愤怒等负面情绪，就需要调节你的心态，用积极情绪代替负面情绪。

有这样一个小故事流传很广。两个秀才一起去赶考，路上他们遇到了一支出殡的队伍。一看到那一口黑乎乎的棺材，一个秀才的心立即凉了半截，心想："这下完了，这真是活见鬼呀，赶考的日子居然碰到倒霉的棺材，肯定考不中。"于是，他心情一落千丈，垂头丧气走进考场，那个"黑乎乎的棺材"在大脑中一直挥之不去，结果，心情烦乱，名落孙山。另一个秀才刚开始心里也一惊，但转念一想："棺材，棺材，那不是升官发财吗？好兆头，看来我要鸿运当头了，一定高中。"想到这里他十分兴奋，情绪高涨，走进考场，文思泉涌，一举高中。回到家后，两人都对家人说了自己的经历，然后感叹："棺材真的好灵！"

两个秀才看到的都是棺材，一个懂得用积极的心态思考问题，一个只会用消极的心态看待问题，结果截然不同。如果第一个秀才能用积极的情绪代替负面情绪，也许他也能榜上有名了，可见积极情绪的正面作用是十分强大的。

明白了这一点，你就应该反思一下曾经的失败是不是败在不会调节心态上？从现在开始，学会用积极的情绪替代负面情绪吧！不妨试着这样做：

首先，你必须承认负面情绪的存在，并分析产生这一情绪的原因，弄清楚究竟为什么会苦恼、忧愁或愤怒。这样你可以弄清自己苦恼、忧愁、愤怒的根源，然后对症下药，寻求适当的方法和途径来解决它。比如，你如果因为考试前把握不大，对能不能考好感到焦虑不安，那你就要积极把精力转移到学习上来，集中精力搞好复习，减轻自己的忧虑；再比如，你因为同事的一句玩笑话生气，甚至想发火，你就联想平时这位同事的表现，认识到他并无恶意，只是开个玩笑而已。

其次，在找到根源后，可以使用不同的方法，培养积极情绪，代替负面情绪。常见的方法有以下几种：

自我鼓励法。你可以用某些哲理或某些名言安慰自己，鼓励自己同负面情绪作斗争。在这个过程中，你的情绪会得到好转，因为自我鼓励是人们精神活动的动力源泉之一，在负面情绪面前，只要能够有效地进行自我鼓励，你就能感到力量，从而振作起来。

注意力转移法。产生负面情绪时，你不妨做一些其他事情，转移一下注意力。比如压抑的时候到外边走一走，心情不快时去歌厅唱唱歌，为某件事忧虑时看看喜剧电影。这些事情能产生吸引力，把你的注意力从消极方面转到积极、有意义的方面来，你的心情会豁然开朗。

发泄法。把不良情绪发泄出去，才能形成积极的情绪。消极情绪不能适当地疏解，容易影响心身健康。所以，你完全可以大哭一场，也可以找知心朋友倾诉，发发牢骚也无所谓，去购物去大吃大喝也是好的方法。比如当你生气时，可以跑到健身房，把沙袋当成自己的假想敌，对它进行拳打脚踢，就能把因盛怒激发出来的能量释放出来，从而使心情平静下来。这样你才能逐渐形成积极的正面情绪。

助人为乐法。每天帮助别人做一件事，在给别人带来快乐的同时，也能愉悦自己身心。做了助人为乐的事情，你会变得心境坦然，慢慢战胜负面情绪。

代偿转移法。当你遭到挫折时，可以用满足另一种需要来代偿。比如这次谈判失败了，可争取在另一个项目上好好表现，迅速鼓起勇气，变挫折为力量，让你做起事来事半功倍。

请人引导法。如果以上方法都试过，你还不能战胜不良情绪，那就求助别人疏导。你可以主动找亲人、朋友诉说内心的忧愁，以摆脱不良情绪的控制；也可以求助心理咨询师，获得更好的建议。

另外，科学家的研究表明某些特定的食品可以改善人们的心情，你不妨把下面的食品单记下来。

全麦面包：食物中的色氨酸能使人产生愉悦的感觉，而全麦面包能帮助色氨酸的吸收。在吃富含蛋白质的肉类、奶酪等食品之前先吃几片全麦面包，可以保证色氨酸能进入大脑。

咖啡：早上喝一杯咖啡的确有提神醒脑的作用，但每天喝3杯以上可能反而会使人烦躁、易怒，所以要注意咖啡的摄入量。

香蕉：紧张与镁缺乏密切相关，香蕉富含镁，吃香蕉可以缓解紧张情绪。

橙和葡萄：这两类水果富含维生素 C，每天 150 毫克剂量的维生素 C（约两只橙）可以改善易怒、抑郁的不良情绪。

巧克力：巧克力具有镇定作用，能让你冷静下来，理性分析问题，产生积极情绪。

总的来说，用积极情绪代替负面情绪的方法有很多，你可以做不同的尝试，但是关键还在于心态。要想变得积极乐观，就先从调节心态开始吧。

换一个思维角度看世界

台湾著名漫画家蔡志忠曾经说过："如果拿橘子比喻人生，一种是大而酸的，另一种就是小而甜的。一些人拿到大的会抱怨酸，拿到甜的会抱怨小；而有些人拿到小的就会庆幸它是甜的，拿到酸的就会感谢它是大的。"人生总会有一些不如意的地方，如果能够做到换个思维角度看问题，生活就会变得更美好。

只站在一个角度，只能看到事物的一个方面，再无限扩大它的缺点，就会觉得情况糟糕，人也是一无是处，严重影响你对外界事物的判断。调整心态，从另外一个思维角度看世界，视野会豁然开朗，感受一下子就不同了。

一个老太太有两个女儿，大女儿嫁给开伞店的，二女儿嫁给开洗衣店的。两个女儿出嫁后，老太太每天都很担忧。晴天老太太怕大女儿家雨伞卖不出去，雨天又担心二女儿家衣服晒不干，整日忧心忡忡，睡不好，吃不香。邻居看到这种情况，对老太太说："您真有福气，晴天二女儿家顾客盈门，雨天大女儿家生意兴隆。不管晴天还是下雨，对您来说都是好事呀。"老太太一想，还真是！从此以后，她不再担心两个女儿家里的生意，整天无忧无虑。

正因为换了一个角度看问题，晴天和雨天都能让女儿财源滚滚，老太太才逐渐消除自己的忧虑。倘若她还用过去的眼光看问题，将始终陷于忧虑之中，无法发现生活的美好。

换一个思维角度看世界，你的生活会变得越来越美好。生活虽然有太多的不如意，但是也隐藏了很多的惊喜，比如你觉得自己工作一般工资很少，但是你可以有更多的时间陪伴家人。换一个角度想一想，就会觉得很知足，很快乐。

换一个思维角度看世界，你将能做出客观的判断。比如大家都批判高考制度不合理，但换个角度思考，高考毕竟是目前中国最公平的人才选拔方式。这样你就能做出客观的判断和评价，不至于让自己陷入偏激。

换一个思维角度看世界，你能设身处地为他人着想。换一个角度看世界，当你踩踏草坪时，你可能会想到小草被踩的疼痛，从而规范自己的行为。在与人相处的过程中，更需要换个角度思考，多看别人的长处，多去理解对方的苦衷，人际关系怎么能不和谐？

换一个思维角度看世界，你能抓住机会战胜挫折。在遭遇失败和挫折时，一味咀嚼痛苦于事无补，还不如换个角度看问题，说不准能另辟蹊径，反败为胜。

世界著名的发明家爱迪生在 67 岁时遭遇人生的重大挫折——他的实验室在一场大火中化为灰烬，其损失超过 200 万美金。他的助手、朋友都感到很绝望，都非常担心爱迪生一蹶不振，但是爱迪生说："灾难自有它的价值。我们以前所有的谬误、过失都被烧了个干净，我们又可以重头再来了。"接着，他积极地投入工作，获得更大的成功。

爱迪生积极乐观的态度支撑了他从另一个角度看待这场火灾，从而看到火灾的价值，并且以此作为一个新起点，重新开始了自己的研究。

怎样才能做到换个思维角度看世界呢？你可以这样做。

首先，必须要有积极乐观的态度。积极乐观的心态是促使你换个角度看问题的动因，拥有了积极的心态，一切困难都不在话下。

其次，用发展、变化、全面的眼光看待事物。事物是不断变化的，事物也是由不同部分组成的。看待事物要用全面的眼光和发展的眼光，这样才能不偏颇，才能做出准确的选择。

法国大文豪大仲马说："烦恼和欢喜，成功与失败，仅系于一念之间。"的确，换个角度看问题，我们迎接的也许就会是欢喜和成功了。还在等什么？换一个角度看世界，你会有全然不同的发现，你会有独特的感受，你会有与人不同的新收获！

把复杂的问题尽量简单化

同一个问题让不同的人解决，有的人能在很短的时间内，用最简单的方法就解决了；有的人则费尽周折，用了很长的时间还没有解决。这是为什么呢？其中最关键的因素就是两者的思维、心态不同，前者可以把复杂的问题简单化，而后者则拘泥于形式，不懂得变通，结果问题还是问题，没有找到解决的办法。

你也许认为复杂往往和智慧联系在一起，凡事总往复杂的地方想，才能体现大智慧。事实上，学会把问题简单化，才是一种大智慧。

在一次实验中，爱迪生让助手帮助自己测量一下一个梨形灯泡的容积。因为灯泡不是规则的圆形，而是梨形，所以测量起来就不那么容易了。助手接过后，立即开始了工作，他一会儿拿标尺测量，一会儿计算，又运用一些复杂的数学公式。几个小时过去了，他忙得满头大汗，还是没有得出答案。这时助手又搬出几何知识，准备再一次计算灯泡的容积时，爱迪生看到助手面前的一叠稿纸和工具书，立即明白了是怎么回事，于是他拿起灯泡，朝里面倒满水，递给助手说："你去把灯泡里的水倒入量杯，就会得出我们所需要的答案。"助手这才恍然大悟：原来方法这么简单！

只有将问题简单化，抓住根本，用最简单的方法解决问题，人生才会变得更加轻松。

在科学研究中如此，在生活中、职场也是如此。有些人无论遇到什么事，都往坏处想、复杂处想，无谓地增加自己的心理负担，找不到解决的方案，迷失方向。领导说了一句话是不是有特殊含义呀？我忘记给客户打问候电话会不会影响到这单生意呢？孩子上不了重点高中老婆会不会怪我？……这些都是小事情，想解决也非常简单，没有必要把事情复杂化，还念念不忘。

一位教授想在客厅里挂一幅画，就请邻居来帮忙。画已经在墙上扶好，正准备钉钉子，邻居说："这样不好，最好钉两个木块，把画挂在上面。"教授觉得有道理，就去找木块。木块找来了，正要钉，邻居又说："等一等，木块有点大，最好锯掉点。"于是便四处去找锯子。找来锯子还没有锯两下，邻居又觉得锯子太钝了，得磨一磨，于是又去他家拿锉刀。接着他又发现锉刀没有把柄，于是他又去树丛砍树枝做刀柄。但是生满老锈的斧头太难用，他又找磨刀石。可为了固定住磨刀石，必须得制作几根固定磨刀石的木条，邻居又到郊外去找一位木匠……然而，这一走半天也没见他回来。最后教授自己一边一个钉子把画钉在墙上。下午教授在街上看到邻居，他正在帮木匠从五金商店里往外抬一台笨重的电锯……

这个故事虽然好笑，但是说明的道理很深刻。遇事不探究最简单的解决之道，往往背离问题的初衷，做了一堆无关的事情，产生许多无谓的担忧，以致白白忙碌了半天，却解决不了任何问题。

如果你也有这样的问题，就需要提醒自己改变心态了，并尝试慢慢改变做事想问题的方式。这时你不妨试试这些方法。

首先，认真分析问题，寻求最简单的解决方法。问题出现了，认真分析一下再做出判断。盲目判断或做事，可能让简单的问题复杂化，不利于问题的解决。

其次，通过复杂现象发现事物本质。事情的规律往往隐藏于种种表象或假象之下，你可以分析相关事例找出它们的共同之处，总结出规律。抓住规律，不论多么复杂的问题在你眼中都会变得简单起来。

再次，要学会归纳总结。完成一件事，解决一个问题，你要学着归纳总结，可以帮助你在遇到问题时想出最简单的解决方法。

最后，学会借助各种外界条件。聪明的人会借助外力，在你看来十分棘手的问题，对于别人也许很简单，你只需要开口说几句话求助他人。不了解客户的喜好，不知道准岳母喜欢什么样的礼物……这些事情都能轻松搞定！

不管是在生活中，还是在工作中，遇到问题时不要错误地认为"想得越多就越深刻，写得越多就越能显示出自己的才华，做得越多就越有收获"。调整心态，认真分析事实，寻求合适简洁的方法，这才是你应该做的。

其实你可能是很多人羡慕的对象

"这山看着那山高"常用来形容人们一种奇特的心理，不满自己的生活，羡慕别人拥有的一切。羡慕别人婚姻幸福、老公能干，羡慕别人工作稳定、薪水丰厚，羡慕别人在对的时候买了房，羡慕别人孩子考上名牌大学……

这种羡慕有时让你感到不安，让你觉得别人的生活和别人的模式总是好的，自己是失败的、不幸的。总是羡慕别人的生活，你会给自己制造混乱和迷茫，常常失去自己。

有这样一则小故事。动物在森林聚会，猪说："假如让我再活一次，我要做一只老虎，在兽中称王，无法无天，饿了时想吃什么就捕什么吃。"老虎却说："假如让我再活一次，我要做一头猪，吃罢睡，睡了吃，不出力，不流汗，活得赛神仙。"鹰说："假如让我再活一次，我要做一只鸡，渴有水，饿有米，还受人保护。"鸡说："假如让我再活一次，我要做一只鹰，可以翱翔天空，任意捕兔杀鸡。"

好风景总是在别处，猪羡慕虎的威风，虎羡慕猪的悠闲，都是不知道自己也是别人羡慕的对象，忽视自己的幸福，活在"别人"的阴影中。这个小故事寓意十分深刻，你明白了吗？

不要再去羡慕别人，因为你自己也是很多人羡慕的对象，只要你调整一下心态，就会发现自己的优势，发现生活的美好。不去羡慕别人，你的日子就会变得悠然平静，从容不迫。不去羡慕别人，你才会找到自己的生活，完成你自己的事业，达到你自己的目标。

美国华裔数学家王章程毕业于美国加州大学。刚毕业时，他的同学多数都去了大财团、大公司，只有王章程进入加州私人研究室，醉心研究，一干就是十年。十年中，他的收入非常低，到了三十岁还买不起房子，连女朋友也没有。而他的同学很多已经是月收入几十万，甚至上百万元的大老板。他们开着高档车子，住着大房子，带着漂亮的妻子。但是王章程非常享受自己的工作，也从不羡慕别人灯红酒绿的生活，十年中他默默无闻地做着自己的研究。就在他 35 岁的时候，他攻克了世界上两项顶尖的数学难题，从此成果迭现，美国十几家大学先后聘他前去任教。后来，在世界数学界他被称为"数学之王"。他的很多同学也很有天赋，曾经也有梦想成为数学家，但是都被灯红酒绿的生活吸引，到最后王章程却成为他们羡慕的对象，因为只有他坚持了自己的梦想并实现了梦想。

王章程成功的原因就在于他坚守自己的生活，不盲目羡慕别人的生活，找准自己的位置，获得了巨大的成功，最后成为别人羡慕的对象。

这是世间的普遍规律——普通人羡慕名人，名人羡慕普通人的平凡自在；长相普通的女人羡慕美女，美女羡慕普通女人生活平静，收获真爱；穷人羡慕富人有好多处房子、车子，富人羡慕亲人和睦不为争家产闹上公堂……其实这个世界上并不存在十全十美，那些你所羡慕的人同时也在承受着他们的不如意。很多时候，得到的就是所承担的，每件事都像硬币一样有两面，有正面就有反面。明白了这些，你就知道，不管你现在处于什么生活状态，总有人会羡慕你，与其去羡慕别人，不如寻找自己生活中的幸福。

在生活中，你要学着从"羡慕"中获得提升，认清生活的真谛，过好自己的日子。

首先，自己要行动起来。你在羡慕人家有钱的时候应该想一想怎样努力才能增加自己的收入，你在羡慕人家夫妻恩爱、家人和睦的时候，应该想想自己怎样经营好自己的家庭。每个人的处境都不同，别人永远无法模仿，但是你可以通过观察别人的长处来修正自己的短处，与其羡慕，不如行动，借鉴别人的长处，好好经营自己的生活。

其次，挖掘自己生活的亮点。活在这个世上本身就是幸运的，因为有无数人在天灾人祸中失去生命。无论你是谁、身在何处，一定会有熟悉或陌生的人在羡慕着你。与其羡慕别人所拥有的，不如珍惜自己所拥有的，哪怕是失败的经历、平淡的生活。

最后，学会拿自己与自己比较。俗话说，人比人气死人。当你拿自己和别人作比较时，总是会发现自己的不足之处。其实你要学会自己和自己比，看看自己是否越来越好了，是否有进步了。这样你会建立自信，并且会做得越来越好。

不要再去羡慕别人，好好列举自己的幸福，你会发现自己所拥有的比没有的要多出许多。接受自己的生活并善待它，你的人生会豁达许多。调节好自己的心态，守住自己所拥有的，想清楚自己真正想要的，你才会真正地快乐起来！

不跟自己较真儿，一切顺其自然

有一个高中生，他为自己制定了高考的目标——考上北京大学。第一年高考他的分数与北大差很多；第二年高考时与录取分数线差一点，被一所省重点大学录取了，他放弃了，还是继续复读；第三年高考他还是没有考上北大，他又一次放弃了；直到第四年高考，他又被那所省重点录取了，在众人的劝说下他才勉强去上。假如第一次就去上的话，就会早两年毕业，就业也会容易很多。就是因为太较真，他在高考上浪费了四年的时光。

看到他的例子，你也许会从心里笑他太古板，完全不必要这样较真，但是你反思一下自己是不是也太较真了。老公抽烟，你一直逼着他戒烟，还设定期限，搞得家里战火弥漫；你为自己设定职业目标，达不到就为难自己，完不成就责怪自己；你希望每个人都喜欢自己，当发现有人讨厌你时你陷入生气、绝望的境地……其实，人生不会完美，你又何必太较真呢？与自己较真，往往追求什么却得不到什么，适得其反。

翟新是一家外企公司驻京办事处的代理经理，在这个职位已经做了五年了，他原以为自己会顺理成章地成为经理，没想到总部又调了一个外籍女士担任行政经理。翟新一下子闻到危险的味道，他意识到这位女士是个可怕的竞争者，也许总部准备培养她成为总经理。于是翟新不断在总部老板跟前说人家坏话，还当众出外籍女士的丑，暴露她在本行业专业能力方面的缺陷。外籍女士什么也不说，但是着手增强自己实力，也在寻找翟新的短处。不久后，外籍女士就被任命为办事处经理，位于翟新之上。翟新一怒之下就辞职了。

翟新在经理位置的考量上太过于较真，他面对竞争，心胸太狭窄，甚至有些不择手段。外籍女士本来就是总部亲信，翟新的表现自然能传到总部那里。翟新根本没必要为难她，只要把自己工作做好，做经理是顺其自然的事情。

付出自有回报，有的时候你不必太强求，只要播种了，收获是自然的，万一因为客观原因没有收获，也不是你的错。其实，顺其自然就好，这是人生的大智慧。

有一个男孩从小就十分喜欢摄影，大学毕业后，他对摄影到了痴迷的程度，无心去工作挣钱，一心扑在摄影上。为此，他过着十分拮据的生活，穿着有破洞的衣服，吃着最简单的汉堡包，从不理会自己的生活是富有还是贫穷，只要能够摄影就满足了。在别人眼里，他这么努力，一定希望自己功成名就。但是他半点也不在乎，虽然搞了几年摄影还是籍籍无名，但他却过得异常快乐，从不强求。就在他二十七岁时，他的人物摄影作品被业内发现，慢慢成为世界公认的人物摄影大师，并为英国首相拍摄人物照。后来，他为全世界一百多位总统、首相拍过人物摄影，请他摄影的世界名流更是数不胜数，排队等候一两年是常事。

如果你是这个男孩，艰难困苦好多年没有任何成就，是不是就开始责怪自己、责怪命运？男孩喜欢摄影，但是并没有和自己较真，不管成功与否，享受自己的快乐就足够了。这样不求名利，而名利自然而然就找上他。人生处处都充满惊喜。

所以，你应该学会顺其自然，不再与自己较真，做好自己应该做的就足够了，不强求，让自己的人生轻松起来。

首先，对自己要求不要太高。不要给自己心理暗示："我一定要……""这件事必须成功""如果不……我就没办法活下去"……这样的心理暗示会把你推到不得不做什么的境地，你要知道，对自己要求越高，越容易与自己较真，会让你活得很累。

其次，容忍不完美。没有一个人是完美的，没有一件事物是完美的，学会容忍不完美，人生就会开阔很多。

最后，换个角度想问题。看问题的角度有很多，千万不要固执地用一种方式看待事物。换一个角度，换一个方式，人生豁然开朗，你就不会太较真。

不必太在意在竞争中失利，因为你并不像你想象的那么无坚不摧，做好自己该做的就行了；不必太在意有人讨厌你，因为你不完美，你只要做到真诚待人就可以了。面对竞争，面对挫折，要不失平常心，不与自己较真，顺其自然。也许，不经意间，想要的结果就会出现在你眼前。

第七章

心态缓解，抛弃潜在的情绪压力

学会满足，知足者才能常乐

在成年人的眼中，孩子是最快乐的，因为一个小虫子、一块水果糖、一块石头，都能让他们很满足、很快乐。由此可见，快乐和物质没有多大关系，和名誉也没什么关系，却和心态有着莫大的关系。拥有健康积极的心态，即使物质条件没有那么好，也会很开心，就是人们常说的"知足常乐"，在这一点上，成年人应该向孩子学习。

你是否有过这样的经历？和周围的人聊天时，说起儿时的事情，都会觉得那时最快乐：家中只能吃到窝窝头，还觉得特别美味；中学时写了一篇豆腐块小诗被文学小报登载，满是自豪和满足；和小伙伴去河里摸鱼，改善家里伙食，吃饭时全家都开心……而现在呢，住大房子，开好车，孩子上了大学，全家每天吃喝不愁，空闲时间还去国外旅游，但是就是不开心，总觉得生活中充满了不如意。这都是不知足造成的。

明朝时有个人叫胡九韶，他家境贫寒，一面教书一面努力耕作，仅仅可以满足温饱。每天黄昏时，胡九韶都要到门口焚香，向天拜九拜，感谢上天赐给他一天的清福。妻子笑他说："我们一天三餐都是菜粥，怎么谈得上是清福？"胡九韶说："我很庆幸自己生在太平盛世，没有战争兵祸；又庆幸我们全家人都能有饭吃，有衣穿，不至于挨饿受冻；第三庆幸的是家里床上没有病人，监狱中没有囚犯，这不是清福是什么？"

胡九韶的生活仅是温饱，但是他非常知足，庆幸自己没有遭遇兵祸，每天能食饱穿暖，家中也没有病人和犯人，至于荣华富贵他不去强求，所以活得很快乐。

要想拥有快乐的人生，首先要学会知足。什么是知足呢？知足就是要学会满足，不为一些不属于自己的东西而争来争去。每个人的价值观不同，当得到自己想要的东西时就该满足，不要去奢求太多。

如果你一直在抱怨自己的生活，不妨调整一下心态，客观地判断已经实现的目标和愿望，肯定目前的状态，从而始终保持愉快、平和的心态。知足常乐并不是安于现状、不思进取，而是对现有的一切充分珍惜，充分享受当下。拥有知足之心，你可以减轻压力，开拓视野，放松身心，从而让过上愉快的生活。

1908年英国伦敦奥运会，在马拉松的比赛中，瘦小的意大利运动员第一个跑到了终点。其实，途中他曾多次摔倒，在最后的十五米因为体力不支仆倒在地。两名医护人员将他搀扶着冲过了冲刺线。最后，这名运动员的金牌被取消了，因为裁判认为他不是凭借着自己的力量到达终点的。英国主教在颁奖典礼后对他说："参赛比金牌重要。"这名运动员表现得很释然，虽然没有得到金牌，但是他觉得自己努力了，而且坚持到了终点，让所有的人看到了自己的努力，这就足够了。

失败的结果已无法改变，何必太在意，反正该做的都做到了，没有什么遗憾。因为懂得知足，这名运动员没有陷入失败的沮丧中，反而更加积极、乐观。

你是否应该向这位运动员学习，放下心中的欲念，追求人生的快乐呢？从现在开始调节自己的心态吧！

首先，盘点一下你已经拥有的东西。人的一生都是在欲望、憧憬中度过的，总是期盼职位不断提升、财富不断增加，让自己拥有越来越多。但是不知道在追求的过程中，已经拥有的也会慢慢失去，比如与家人相处的时间、悠闲的心情、纯洁的内心……不时盘点一下自己所拥有的，问一下自己为了目标失去这些值不值得，你就会觉得今天拥有的一切弥足珍贵。

其次，学会放弃。你也许已经成为民企老板、政府要员，但是还有很多愿望想实现，越到高处越难以提升，而你会变得越吃力，快乐也会离你而去。这时不妨放弃一些目标，安于现状有时是人生大智慧。

最后，学会休息。在这个世界上，富翁和高官都是少数，更多的人在平常的岗位上滋润地生活着、工作着。不懂满足，过高要求自己，就会让自己变得劳累不堪。而追求之后不得，只会让自己更加失落，这时不如让自己休息一下，想想自己为某个目标疲于奔命值不值得。

"事能知足心常坦，人到无求品自高"，人生在世，只有学会满足，才能不断地重新认识自己，只有学会满足，才能拥有一份自得、一份自在。

不要疑神疑鬼和过度敏感

不知道你是否曾经有这样的体会：当几个同事聚在一块小声说话

时，你会怀疑他们正在讲你的坏话，或者要向你使坏；上司说这段时间大家状态不好，你会怀疑他是不是针对你说的；爱人最近老是晚回家，你怀疑他有了外遇，总想查看他的手机……如果你有这样的体会，这说明你得了疑心病，对外界事物疑神疑鬼、过度敏感。

《列子》中有个"疑邻盗斧"的故事。有个人丢失了一把斧头，怀疑是邻居家的孩子偷的。他看看那孩子的动作，就觉得鬼鬼祟祟，像是偷了斧头；瞧瞧那孩子脸上的表情，慌慌张张，也像是偷了斧头；再看看那孩子说话的样子，吞吞吐吐，更像是偷了斧头。总之，那孩子的一言一行、一举一动，都让他怀疑那孩子偷了斧头。但是不久，这个人找到了他丢失的那把斧头，他才知道误会了邻居的孩子。等他再见到那个孩子时，看到孩子的动作神态，没有一点像是偷了斧头的了。

面对同一个人，为何这位丢斧者前后竟然做出截然不同的判断？这正是因为多疑让他的判断力失去准确性，其实他的猜测都是毫无根据的。

心理学认为，"多疑"是一种性格缺陷，多疑的人常会产生缺乏事实根据的、不合逻辑、固执的想法。另外，这类人非常在意别人对自己的态度，别人脱口而出的一句话他都可能琢磨半天，努力发现其中的"潜台词"。

长期疑神疑鬼，总以为别人在议论自己，越想越认为是真的，以至于最后陷入猜疑怪圈而无法自拔，导致心情不畅。过于敏感的人总是在不良心理暗示下，怀疑自己被疾病包围，处于一种惊恐不安的消极状态中，就会降低人体免疫力。另外，疑神疑鬼会影响到人际交往，因为大部分人会感觉和多疑的人相处压力很大，不愿意和他们交往。猜疑也会影响到婚姻幸福，毕竟信任是人与人之间相处的基础。

王娜和前夫离婚是因为前夫有了外遇。这件事对王娜的打击非常大，曾经一度，她对所有的男人都失去了信任，直到现在的丈夫张先生出现，和张先生恋爱一年后，王娜再次步入了婚姻殿堂。可是婚后的王娜变得异常敏感，张先生晚回家一会儿，她就会胡思乱想；有女同事打电话给张先生，王娜就心神不宁。细心的张先生发现了妻子的不安，他每天中午都主动给妻子发个问候短信，叮嘱她好好吃饭；自己出差也主动向妻子汇报行程；有时短信响起来的时候，张先生就会假装正在忙碌的样子，让妻子帮忙读一下短信。在张先生的努力下，王娜调整了心态，不再草木皆兵了，两人的婚姻步入正轨，过得非常幸福。

王娜遭受过情感背叛，内心非常脆弱，所以会更加敏感，疑神疑鬼也是正常的。在张先生的努力下，王娜调整了心态，终于走出多疑的误区。如果一直这样，两人都不做出努力，这段婚姻恐怕难以幸福。

一个敏感多疑的人往往固执刻板、性格内向、心胸狭窄，他们常常以个人观点观察周围的人、分析周围的事物，遇到问题又不懂得变通思路和寻求解决方法，往往处理不好人生的难题。要想改变这种现状，就要在以下方面做出努力。

其一：用理智做出有根据的判断。当发觉自己疑神疑鬼时，应当立即寻找产生怀疑的原因，分析这些理由充分不充分，在没有形成结论之前，消除怀疑。因为猜疑者的头脑被封闭性思路所主宰，会觉得他的猜疑顺理成章，所以冷静思考显得十分必要。

其二：培养自己的自信心。如果你能充满信心地工作和生活，就不会轻易担心自己的行为得不得体，也不会随便怀疑别人是否会挑剔、为难自己。

其三：在适当的时候安慰自己。在生活中遭到别人的非议，其实没什么大不了，因为再完美的人也难以让所有人满意。学会安慰自己，在一些生活细节上不必斤斤计较，如果觉得别人怀疑自己，应当安慰自己不必为别人的闲言碎语所纠缠，不要在意别人的议论，这样怀疑自然就烟消云散了。

其四：用沟通消除疑惑。误会产生了，与其在心里疑神疑鬼，不如当面讲清楚问明白，如果误会得不到尽快的消除，就会发展为猜疑。沟通是消除误会的最好的方法。生疑后先冷静地思索，然后通过适当方式与对方进行推心置腹的交心。若是误会，可以及时消除；若是看法不同，通过谈心，了解对方的想法，也很有好处。

法国作家拉罗什福科说："猜疑是黑云，蒙蔽了我们的心灵之窗，使我们的灵魂暗淡醒醒，最终会毁掉我们本应拥有的一切人间美好的友谊。"过度敏感、疑神疑鬼会对你的生活产生负面影响，要学会调节心态，及时扭转自己的错误想法，对别人多些信任，少些猜疑，创造和谐的人际关系。

试着爱上自己从事的工作

在当下，逃避工作、厌恶工作，甚至痛恨工作的人越来越多，情况也越来越严重。据一项调查显示，竟有高达77％的上班族"痛恨"自己的工作！在我们身边，很大一部分人有不想去上班的"星期一综合症"。其实工作在人的一生之中是一件所占时间、精力最多的事情。一个人如果不喜欢自己的工作，甚至达到"痛恨"的地步，那么，他的生活质量不会太高，幸福感也会很低。

为什么那么多的人厌恶自己的工作？甚至痛恨工作？可能有这样的原因：

一是拥有逃避工作的经济基础，觉得失去它也没什么大不了；二是把工作当成谋生的苦差事，没有体验到工作的充实感、喜悦感和自豪感；三是觉得当下的工作不是自己喜欢的，或者是有各种各样的缺陷，不值得珍惜。

如果不喜欢自己从事的工作，很可能难以在工作中做出成绩，更深一步说会影响到其人生幸福感，促使其产生悲观心态。也许你会为自己辩解，说这份工作如何渺小无聊，怎么做也做不出来成绩，但是也有很多人在平凡工作中做出不平凡的事迹，秘诀很简单，就是多一点热爱而已。

闻名沪上的劳动模范徐虎只是一名普通的水电工，换了别人在他这个岗位上，或许充满抱怨：叫我给别人修水管、修马桶，简直是埋没人才。凭什么别人在高楼大厦做白领，而我要做水电工？而徐虎并不这样想，他很珍惜这份工作，因为这份工作是"辛苦我一人，方便千万家"，他从这个角度看到了自己的价值，爱上这份工作，他安心做一名普通的水电工。最后他从一名普通的水电工成长为感动全国的劳动模范，并组建"徐虎青年服务队"，带了很多徒弟，实现了个人价值。

热爱工作，平凡中也能孕育卓越。把一份普通的工作做得开心、幸福、有声有色，徐虎在这个过程中收获了幸福。

如果你没有能力换一份工作却对现在的工作挑三拣四，那你会陷入十分危险的境地。上班你痛苦不堪，下班心情也不会好到哪里，在生活中在事业上你都会是失败者，你的心态会害了你。所以，不要再等了，赶紧调整心态吧，试着去爱上自己的工作，当你真的去做了，结果可能会令你惊喜。

日本实业家稻盛和夫在大学里学的专业是当时最热门的有机化学，但是他想去的公司没有录用他，他不得已就职于一家生产绝缘陶瓷、属于无机化学领域的企业。这是一家内部纷争严重、拖欠员工工资、没有什么未来的公司。当时稻盛和夫的工作是研究新型陶瓷，公司却没有像样的实验设备，没有前辈指导他。他十分讨厌这份工作，但是辞职转行又没有成功，很长一段时间处于满腹牢骚、怨天尤人、情绪低落的状态。他的心情变得非常压抑，甚至觉得人生没有意义。当稻盛和夫意识到这种心态的危险性后，决定改变自己的心态——倾注全力先把眼前的工作做好。后来他把锅碗瓢盆和铺盖全都搬进实验室，吃、睡、工作全在实验室，开始了一心一意的埋头工作，这样他居然一次次地获得出色的研究成果，周围人们对他评价也越来越高，最重要的是他感觉越来越充实、越来越自信。从此，他的工作和人生进入良性循环。

当试着去喜欢自己的工作，并全身心投入时，稻盛和夫获得了新生。他的事例对你是否有所启发呢？

那么怎样才能喜欢上、爱上自己的工作呢？

首先，尽量选择自己喜欢的工作，没有实现这一目标时就做好手头的事情。这并不是一件容易做到的事情，一个人能够一开始就碰上自己喜欢的工作的概率很小，还有一些人不知道自己真正喜欢的是什么。所以刚进入职场时，不要太在意是不是喜欢自己的工作，努力做好自己应该做的，并慢慢转到自己喜欢的工作。比如前台的工作实在是又累又没前途，但是只要你尽心尽责，总会有机会的。

其次，在没有转行跳槽的机会时，倾注全力去做现在的这份工作。你需要认识到"自己就是工作，工作就是自己"，工作是自己心灵、人格、智慧以及人生境界的外在表现。当你做出成绩时，你会发现你的人生会因为工作成绩而变得与众不同。那时，让你跳槽或者转行你也不愿意了。

最后，尝试关注这份工作带给你的附加值。除了一份薪水，工作可能会给你带来一批志同道合的朋友、优秀的同僚，给你提供旅游的机会，让你融入这个社会并成为这个社会的一部分。

"周一综合症"出现时，不妨让自己缓一缓再进入状态，然后对工作注入你的热情，当你把工作、事业作为自己的"天职和使命"，工作给你的回报将是你难以预料的丰厚。

每个人身上都有独特的闪光点

哈利默父子是非洲黑人，一直过着贫寒的生活，但是他们有自己的特长——长跑。在长达八年的时间里，他们一心一意地练习长跑，父亲是儿子的教练。在这段时间，没有人看好他们，也没有人为他们喝彩，但是父子俩从来没有理会别人怎么想，他们要把自己身上的特长展现出来。八年后，小哈利默的长跑速度有了惊人的长进，他一路过关斩将，先是夺得非洲长跑冠军，后又在世界锦标赛上夺冠。后来，小哈利默说："这些年，我和父亲从来没有理会过别人的生活是怎样的优越，我们更不会去羡慕别人，因为我们相信自己也能过得不平凡。"

贫困的黑人父子能发现自己身上的闪光点，并坚持梦想，把闪光点放大，最后改变了自己的命运。

其实每个人都希望自己与众不同，希望自己的风度、学识、动人歌喉能得到别人的认可和掌声，但并不是每个人都能在舞台上展现风采，大部分人是平凡的个体。平凡的个体身上也隐藏着独特的闪光点，只有细心观察才能发现。很多人不懂这个道理，或者感叹自己的平庸，妒羡别人的优秀；或者是不在意别人的独特，不懂为他人喝彩。

如果你也抱有这样的心态，你或者是十分自卑的，或者是十分自傲的。不懂发现每个人身上的闪光点，不懂为自己和别人喝彩，你的人生会错失很多好风景。其实，在你的周围，即使是你讨厌的人，也有很多闪光点，你如果能客观地看待这点，会赢得更多的朋友。

苏珊一进这家公司财务部，就碰到一个被人称为"变态"的女同事。起初这个女同事在行政部，做过很多杂事，包括打印材料、订餐什么的，后来她岗位调整了，就拒绝帮别人做任何琐事，还告诫苏珊不要做，不然会被人欺负。这样一个人，在苏珊看来是非常不受上司欢迎的，但是偏偏上司很信任这位女同事，她总能争取到各种福利待遇。后来苏珊细心观察，发现这个女同事特别擅长吹捧上司，嘴很甜，跟上司走得也很近。虽然她的行事习惯和苏珊不同，但是苏珊觉得没有必要批评人家，人家也有社交上的优点。于是苏珊偶尔还会夸她有个性有魄力，她也帮了苏珊不少忙。

苏珊初入公司，没有受其他同事的影响，反而能从众人都讨厌的人身上发现闪光点，这点是值得职场新人学习的。行事风格和你不同，不代表人家就是错的，不妨多看看人家的优点，借鉴一些，对自己的工作也是有好处的。

那么，怎样去发现别人身上的闪光点呢？

其一：客观看待每一个人。你也许有许多看不惯的事看不惯的人，只要某人与你观点不同，处世方式不同，就容易被你排斥，你在评价这个人时就会有失客观。其实，当面对一个人时，你首先要寻找他的优点，然后再寻找他的缺点，不因成见而刻意夸大缺点，就能对这个人做出客观评价。对自己亦是如此，客观分析自己身上的闪光点，能让自己活得更加自信。

其二：懂得为他人、为自己喝彩。和朋友一起唱卡拉 OK 时，你不妨多为他人鼓掌；和同事共同完成一项任务时，要多肯定他人的成绩。这样，你就能得到整个团队的认可。另外，为自己喝彩也十分重要，在内心默念"我很棒""我很出色"，会给自己正面暗示，让自己信心倍增。

野百合也有春天，在这个世界上，每一个人都有缺点与优点，当看到缺点的同时也应该多注意优点。只有拥有这样的心态，你才能客观公正地评判周围的人和事物，才能拥有积极乐观的人生。

多想想你怎样做才能生活得更好

世上有很多人爱关心别人的生活，当别人遭遇挫折打击时，他们同情、怜悯甚至嘲笑；当别人事业有成、家庭幸福时，他们嫉妒、羡慕甚至痛恨。他们不遗余力地关心别人的隐私，议论别人的人品，剩下的时间就是拿自己与人比较——我孩子考的大学不如邻居家孩子；我家的楼层比不上他家；她老公不如我老公帅；我挣钱比他多……比得过时沾沾自喜，比不过时黯然神伤。

这样的生活就如同一个怪圈，当你陷进去时，你每日忙忙碌碌，关心的却都是别人的生活，你生活在别人的阴影中，你自己的人生也渐渐失去方向，被看不见的力量把握。什么都做，你也会变得非常累。

有这样一个故事。一个老人带着孙子、牵着一头驴准备到市场卖掉。走了一段路，老人听到有个路人说："这祖孙俩放着驴不骑，真是傻瓜。"老人听后觉得有道理，便一起骑上驴背继续赶路。走了不久，又遇见一个路人，那人指着他们说："这祖孙俩真是残忍，两个人骑驴，快把驴压死了。"老人觉得也有道理，赶忙下来，让孙子一人骑在驴背上，自己牵着驴步行。过了不久，又遇到一个老太太，老太太说："这是什么世道呀，小孩子这么不懂事，自己享受，让老人家走路。"老人听了，便让孙子下来，他自己骑上驴，这时又有三五个妇女对他们指指点点："唉，这个老人怎么这么没有爱心，光顾着自己享受，让小孩受苦。"听后老人脸红了，这也不是，那也不是，老人为难了。最后，祖孙俩抬着驴走了。

牵着驴赶路，老人应该想的是怎样走得最快、最轻松，而不是考虑别人的眼光和看法，与自己过不去。一味在乎别人的想法，最后难免闹出笑话。

李老太是小区里的名人，因为她非常追求年轻人的时髦，看到东家买面包机她也买面包机，但是自己又吃不惯面包，面包机买了就放在一边；看到西家买跑步机她也买了跑步机，但是年纪大了骨质疏松严重，一跑步就腰疼……最后，她家里堆了一堆无用的东西，浪费了金钱不说，还招致老伴的不满，两人经常为此吵架。

李老太的问题就出在盲目追随别人的生活方式上，面包机、跑步机都是好东西，但是并不适合她。与其追随别人、在乎别人说的话，不如调节一下心态，多想想怎样把自己的生活过好。

让自己生活得更好，有一些小秘诀，你不妨借鉴一下。

其一，拥有感恩之心。如果对生活中所有美好的东西充满感激之情，就会活得更加积极。试着对自己的家人、朋友、邻居说一句感谢，你的心情也会变好。

其二：学会自我调节。当生活的烦恼使你的身心不堪重负时，悲伤、焦虑、恐惧会随之而来，这时你需要找一个安静的角落，摆一个舒服的坐姿，集中你的精神，调节一下自己的心情。

其三，寻找机会接近大自然。多到户外去，在蓝天白云下做深呼吸，更深、更慢、更有规律的吸气和呼气，可以改善你的情绪。在家的时候也可以买束鲜花或盆栽植物，让家里充满大自然的气息。

其四：做自己喜欢的事情。在空闲时间，可以读一本喜欢的书，也可以到博物馆欣赏艺术品，或者品尝美食。这些活动能让你的心轻松下来。

其五：学会原谅别人。有时愤怒、憎恨、失望会毁了你的生活，当你学会原谅时，这些不良情绪就会烟消云散。原谅是你送给自己的礼物，让自己得到心灵的安宁。

其六：无私地帮助别人。帮助别人获得的快乐可以让你生活得更有意义，做一个志愿者，不期望得到任何回报。这个过程就是丰富生活经历的过程。

在这个世界上，有些人借助灯红酒绿的生活弥补内心的空虚，有些人靠废寝忘食的工作证明自己的存在；有些人在攀比中获取心理安慰……别人怎样都不重要，也不是你关注的要点，你要做的是尊重自己的内心，寻求明确的人生目标，把自己的生活过得更好，享受自己的人生。这就需要你转变心态，过属于自己的生活。

给自己犯错误的机会

在人生道路上，给自己犯错的机会是一种智慧。你也许认为犯错是在"浪费时间"，但是有时候我们的时间就是要拿出来浪费的。为什么要这样说？因为犯错浪费的时间，是你提升自己的机会，即使你做了很多无用功，但是这样的经历让你积攒了经验，为你的成功奠定了基础。

法国一家汽车制造公司在对众多应聘者进行面试时，只问了同一个问题："在以往工作中你犯过多少次错误？"大多数应聘者为了表现自己的能力，都说自己一贯正确。只有一个应聘者描述了自己犯了很多次错误的倒霉经历，最后这位应聘者得到了这个职位。面试官的理由是："我不要 20 年没有犯过错误的人。我需要的人才是也许犯过无数次错误，但每次都能及时吸取教训、立即改正。"

错误也是一种财富。其实，很多企业比如荷兰飞利浦、德国西门子等，都很注重职员在过去工作中犯错误的经历，不但优先录用那些曾经有过犯错经历的人，而且还经常鼓励职员在工作中犯错误。

当你交上一份报告被上司指出一处常识错误时，当你因为一个错误错失一个机会时，你可能会陷入自责、后悔的境地，然后自言自语："我要是……就……"其实，这种懊悔是没有必要的，你要转变观念，给自己犯错误的机会。

人为什么会犯错误呢？原因很多，也许因为你太年轻，很多道理表面上都懂，但在内心还没有深刻体会；也许因为你曾经的经验在不知不觉中误导了你；也许有外界因素影响了你的判断力和执行力……不管是哪种原因，都表明一点——你还需要继续成长。如果因为害怕犯错就不敢行动，那么你永远都无法成长。

美国著名社会心理学家基洛维奇做过一个调查，他询问一些大学生，如果他们的同学在讲台上讲话的时候忽然忘记自己要讲什么，或者回答问题的时候出现了巨大失误，他们会有什么表现？他们中有的人说可能会笑，也有的说没什么特殊的感觉。他又问他们会把同学的这个失误记多长时间，是一周还是一个月？他们的回答是下课的时候就忘了。而如果自己在讲台上出现失误，很多人都会记很长时间，有的甚至记几年。

这个实验告诉我们，对你来说十分严重的错误，你觉得很丢脸，但是周围的人并不会太关注。作为一个普通人，不犯错误才是不正常的，时刻害怕自己犯错误的人，只能变得越来越胆小，越来越不敢在众人面前表现自己。

因此，完全不要害怕错误，更不要对错误不能释怀、陷入深深的自责，因为已经做错了，后悔和自责是没有用的，重要的是要在做错后好好地自我反省。你可以试着这么做：

首先，大胆地承认错误。承认自己所犯的错误，不转嫁责任，是面对错误的正确态度。千万不要试图遮掩你的错误，那样会带来更大的损失。

其次，积极寻求弥补错误的方法。承认了错误，就要想办法弥补错误，把损失降到最低。在职场犯错，应该第一时间拿出弥补方案，并积极实施这个方案。

再次，不为自己的错误责怪他人。犯错了最大的忌讳是不找自己的责任，把责任推给别人。迟到怪闹钟，失眠怪枕头，这种指责根本于事无补，还会使你产生负面情绪。

最后，吸取错误中的教训。同样的错误不要重犯，给自己犯错的机会，但你要在磕磕碰碰中"吃一堑、长一智"，吸取教训，不断成长。

人生在世，千万不要自己为难自己，一定要给自己犯错的机会。允许自己犯错误不仅需要勇气，更是内心坦然的一种表现；允许自己犯错误不仅展现了一个真实的自我，更能促使你不断成长。

第八章
心态排毒，释放所有的不愉快

每天给自己一点积极暗示

心理暗示指用含蓄、间接的方式，对人的心理和行为产生影响，往往会使人不自觉地按照一定的方式行动。心理暗示在日常生活中随时随地都可以看到，积极的心理暗示能调动智力，开发你自己的潜能；消极的心理暗示会扰乱你的心神，让你失去自信。

实践证明，心理暗示具有强大而神秘的力量，面对同一件事，人们的心理暗示不同，能造成巨大差异，有的人是成功、幸福的，有的人却是平庸、不幸的。

有一个病人得了顽症，他去求助医生，因为这种疾病无法一下子根除，医生也表示无能无力。病人却一直缠着医生，医生没办法，就说："明天你再来吧，我从朋友那里搞一些特效药来。"第二天病人去的时候，医生给了他一瓶没有多大药用价值的维生素，然后吹嘘是朋友从外

117

国带来的特效药。数日后，病人前来致谢，因为"特效药"让他的症状慢慢好转起来。

病人拿到特效药后，就给了自己积极的暗示——吃了特效药，病一定会好起来。在这种心理暗示下，病人即使只吃了维生素，也奇迹般地好转起来。由此可见，积极的心理暗示作用十分巨大。

积极的心理暗示能把不自信变成自信，帮助你成功；而消极的心理暗示则会让你轻易否定自己，不顺的事情自然而然就产生了。如果你遇事喜欢往坏处想，那么你不期望发生的事情往往会发生。所以，千万不要轻易否定自己，多给自己一些积极的暗示，你会产生连自己也意想不到的力量。

网上流传这样一个小故事，一个小女孩坐在窗边，她看见窗外正在埋葬她的宠物狗，心里特别难过，因为这只狗曾与她朝夕相处、形影不离，是她最亲密的朋友。这时，爷爷打开了另一扇窗户，透过这扇窗，小女孩看到了满园怒放的玫瑰花，于是她被这美妙的景色感染了，心情立刻就好起来了。

这个故事充分说明，悲喜全在一念之间，全在于你心里给了自己怎样的暗示。每天给自己一些积极的暗示，生活会变得更加美好。

其一：早上对着镜子大声鼓励自己。起床后，对着镜子微笑，然后大声地告诉自己："我能行！"这样做可以给你一个美好的早晨，你会发现自己一下子信心满满，更加积极乐观地做事。

其二，选一个时间想象一下美好的未来。在午后或者睡前安静的时间，想象一下你将拥有的美好未来，描绘一下美好的图卷。可以想象你在自己期待的大学校园漫步，想象自己和相爱的人在花园散步，想象自己通过驾照考试的兴奋心情。这样，你脑中的正能量就会被激活。

其三：客观分析负面信息，战胜消极暗示。生活中经常会发生不愉快的事情，天灾人祸不断，当你获得这些负面信息时要客观分析一下，不要事事都往自己身上考虑，从而战胜消极暗示。

没有人可以预知未来，面对困难，可以输给对手，可以输给环境，但决不可以输掉信念，输给自己！你要懂得调节心态，多给自己一些积极的暗示——"我是最好的""哦我肯定行"，你就会永远充满自信！把握积极心理暗示，做你生命和生活的主人，走向成功！

哭吧不是罪，难过时可以痛哭一场

刘德华曾经唱过："男人哭吧哭吧不是罪。"确实唱出来一些人的心声。男人有泪不轻弹，只是未到伤心处。难过时大哭一场并不是什么过错，因为每个人内心深处都有极为脆弱的一面。

从另一方面来讲，哭对身体也会有好处。当眼睛中落入灰尘等异物时，就会产生大量的眼泪，把异物冲出来。眼泪中除含大量的水外，还有溶菌酶、免疫球蛋白、乳铁蛋白等物质，具有抑制细菌生长的作用。医学研究证明，紧张时大哭一场，可以缓解紧张情绪，让委屈一起随着眼泪流掉。

你也许觉得哭是懦弱的表现，不端庄，难以解决问题，所以几乎没有哭过。不管多大的痛苦都埋在心中。这种观念要转变了，即使名人也难免落泪，何况普通人呢？

经历了"解约门"困扰的 Super Junior 成员之一的韩庚，单飞后首度赴台宣传新专辑"庚心"，在节目中，讲起自己只身在异乡韩国发展的经历，他刚到韩国时备受打击，每天都觉得工作很不开心、想逃离，把自己反锁在宿舍里、足不出户。那时舒缓情绪的方法就是大哭，哭过后继续坚持。

即使偶像派艺人也不会抑制自己的泪水，难过时大哭一场，对于他来说是缓解压力的最好方式。

事实上，难过时挥泪痛哭，能把心中的痛苦发泄出来，对改善情绪非常有益，该流泪不流泪，可能会诱发溃疡病、高血压、精神障碍等疾病。可以说，无论是悲伤垂泪，还是喜极而泣，流眼泪都是一件好事情。

人类学家发现，在种类众多的灵长类动物中，人类是唯一会哭泣流泪的。流泪是人们与生俱来的简单行为，无需学习就像心脏搏动、肾脏排泄一样是一种本能。科学研究表明，女性眼泪中催乳激素高于男性，这种激素差异很可能是女性特爱流眼泪的原因之一，男性流泪的频率只是女性的1/5。因此，女人平均寿命比男人高，女人因神经紧张而诱发的梗死和中风比率比男人低很多。最后科学家得出结论，哭对于人类来说是十分有益的。

除了在身体健康方面的作用，痛哭的好处是显而易见的：

痛哭可以让你冷静下来。心情压抑或者处于非常愤怒的状态时，容易做出错误的决定，大哭一场，哭到精疲力竭，反而能让你冷静下来，不会做出冲动的事情。

痛哭可以让你尽情发泄，疏解心理压力。痛哭是尽情发泄的重要途径，压力积攒到一定的程度不能及时疏解，就会让人处于崩溃的边缘。许多骇人听闻的恶性案件都是因为犯罪嫌疑人长期压抑情绪造成的。

痛哭展现了一个人真性情。痛哭可以让你卸下全部伪装，展示最真实的自我。难过、伤心、愤怒……不管曾经伪装得多么好，此刻都可以轻松下来。

那么怎样把恶劣情绪哭出来？

首先，不要过于在乎别人的眼光。你也许会觉得哭让自己显得不端庄、没素质，其实不然，只要没有扰乱公共秩序，只要不是无理取闹，哭一场又有什么大不了呢？不要太在乎别人的眼光，你的生活需要自己做主。

其次，改变哭就是懦弱的看法。有人觉得哭是懦弱的表现，其实不然，真正的懦弱是放弃、让步。痛哭一场让你卸下心理的担子，让你轻装上阵，继续挑战困难，不正体现了你的坚强吗？

最后，找一个合适地点哭。在公共场合哭确实有些不妥，找个安静的地方，或者有三五好友的地方，只要你觉得那个地方能让你完全放松下来，能让你感觉到安全，都可以作为哭的地点。

人生在世难免会遇到一些难事，难免遭遇一些痛苦，这时候不要过于为难自己，实在承受不了的时候就大哭一通吧，借助痛哭把不良情绪发泄出去，营造健康的心理环境。

对信任的人说出你心里的难过

当你的人生遭遇不幸、挫折，你的内心充满痛苦时，你会做些什么呢？情绪不佳，内心压抑，最好的方法是找你信任的人说出你心里的难过。但是有的人不这样认为，他们觉得说出来就表示自己无能，于是靠抽烟酗酒、暴饮暴食来麻醉内心的痛苦。举杯浇愁愁更愁，这些方法不仅不能促进不良情绪的疏解，还会伤害身体健康。

为什么在生活中，男女遇到同样的压力时，女性似乎天生比男性更容易化解压力。很重要的原因就是女性"爱唠叨"，当女性内心压抑和苦闷时，她可能会找信任的朋友倾诉，以求得理解和帮助，使情绪得以暂时缓解。所以，虽然男性心理承受力较女性好，但是容易积郁成疾。

郑先生是企业高管，最近一段时间工作碰到了许多难题与压力。他花了一年的时间策划的项目，最后因一些特殊原因失败了，这意味着他一年来的努力白费了。他内心非常压抑，也想找人说一说内心的郁闷，但是考虑到自己的身份和一直以来留在大家心中强硬的形象，他很难放下身段找人诉说自己的难过。这样的状态持续一段时间后，他食不知味，夜不能寐，一个多月来都无法正常睡眠，最后只能求助心理医生。

郑先生的顾虑反映了很多人的心理，内心也想找人说说，但是顾虑各种原因，独自承受了太大的压力，最后情况会变得越来越糟糕。

其实每个人都有脆弱的时候，说出心里的难过又何妨呢？倾诉是一颗心通往另一颗心的一扇门，这扇门可以让心中的快乐和痛苦自由流通。学会倾诉，说出来自己的难过，可以让心理更健康、生活更快乐。

常丽是一位家庭主妇，最近老公经常出差加班，很少在家陪她，婆婆在一起住，也总是有各种不顺心，她内心十分郁闷。这种郁闷又不能对着丈夫和婆婆表现出来，于是她每周都会拿出一下午的时间与闺蜜聚会，说说自己的心里话，听闺蜜支招。这个方式让她舒服很多，回家后也没有对着家人抱怨过，维护了家庭和谐的氛围。婆婆还对着丈夫夸赞她随和好相处。

倾诉重在过程，不管你是否得到好的建议，你的心灵都会获得了解放，如释重负。当你内心难过时，不要犹豫了，试着对信任的人说出来吧！

首先，认识到沉默是危害。一些应激事件会使人产生焦虑，这种焦虑如果得不到及时疏导，就会以一种心理能量的形式在你心里积聚下来，当达到某个临界点的时候，你就会患上抑郁症。这不是危言耸听。

其次，选择适合自己的倾诉方式。并不是每个人都适合把心情讲给人听，如果你很内向，也可以通过写日记、写信、聊 QQ 说出自己的隐痛，排解自己的烦恼。

最后，及时寻求专业人士的帮助。遇到不易解决的问题，又不愿向家人、配偶说出来，不妨主动寻求专业人士的帮助，比如心理医生。心理医生是陌生人，可能更值得你信任，让你更加放松，释放压力。

人是社会中一个独立的生命个体，面对纷繁复杂的世界，要应付各种各样的困难，难免会有许多孤独无助的时候。这个时候，不要保持沉默，积极地对信任的人倾诉出来，对你的心理健康非常重要。

不能改变就要学会接纳

比尔·盖茨曾忠告青年人："许多残酷的事实，我们是无法逃避和无法选择的，抗拒不但可能毁了自己的生活，而且也许会使自己精神崩溃。因此，人在无法改变不公和不幸的厄运时，要学会接受它、适应它。"

确实，生活中有许多事情都是你接受不了的，你也许因此沮丧、气愤、伤心，但是却无法改变这种现实，在这种情况下，你应该怎么做？不同的人有不同的选择。

两个导游各带着一个团队游览一个著名的景区，路上要经过一条坑坑洼洼的公路，一个导游对旅客说："这条路的路面简直像长满麻子。"而另一个导游却诗意盎然地把这条路形容成迷人的"酒窝大道"。听了

第一位导游的话，游客们感到十分沮丧，纷纷抱怨路远，也不知道景区景色好不好；而听了第二位导游的描述，游客们心情愉悦，感到旅途非常美好。

公路已经是那样了，两个导游都难以改变这样的现实，但是对待它的态度完全不同。把公路上的坑坑洼洼形容成酒窝，那么游客们就会很享受。把坑坑洼洼形容成麻子，连游客的心情都受到了影响。

人生有时很残酷，充满了不可捉摸的变数，有些事情是非常美好的，我们也会欣然接受。但是有的事情却可能带来可怕的灾难，给我们痛苦的记忆，如果这时我们不能学会接受它，就会被不愉快主宰了心灵。

美国小说家布斯·塔金顿曾经说："人生的任何事情，我都能忍受，只除了一样，就是瞎眼。那是我永远也无法忍受的。"然而，在他60多岁的时候，他的视力减退，两只眼几乎全瞎了。面对这样的现实，塔金顿学着坦然接受，当那些黑斑从他眼前晃过时，他说："嘿，又是老黑斑爷爷来了，不知道今天这么好的天气，他要到哪里去？"后来，塔金顿完全失明了，他说："即使我五个感官全丧失了，我也知道我还能继续生活在我的思想里。"为了恢复视力，他在一年之内做了12次手术，他拒绝住在单人病房，而是住进大病房和其他病人在一起，努力让病友都开心起来。动手术后他还对医生说："我多么幸运呀，现代科技的发展，已经能够为像人眼这么精巧的东西做手术了。"

失明的残酷事实以及手术的痛苦，都是普通人难以接受的，但是塔金顿知道现实无法改变，于是就欣然接受。他忍受了这样的痛苦，也学会了乐观看待人生。

如果你还是沉浸在为自己的不幸抱怨生活、抱怨老天的状态中，你的心态都充满了毒素，你该为它排毒了。那么，你应该怎么做呢？

首先，不要对已经失去的东西念念不忘。有些事情再怎么不舍都已经成了过去，你要学会珍惜现在生活，珍惜自己身边的亲人和朋友。

其次，改变自己以适应环境。环境难以改变时，不妨学着改变自己。很多刚刚走出校园的大学生，进入职场后会觉得不适应，陷入迷茫之中，这时应该适当改变自己，接受职场法则，适应环境。

最后，面对现实，做生活的强者。坚强乐观的人在现实面前，往往能做到理性接受，并能针对现实调整自己的心态。现实残酷并不可怕，可怕的是不肯接受现实，不能做出积极的应变。

荷兰阿姆斯特丹有一座古老的教堂，教堂墙上镌刻着这样一句话——"事已如此，别无选择。"人在无法改变现实时，就要学会接受不可改变的现实。接受事实是克服任何不幸的第一步，即使你不接受命运的安排，也不能改变事实分毫，你唯一能改变的只有自己。

舒缓的音乐能平复情绪创伤

音乐，作为一门艺术，反映的是人类社会生活和思想感情。它能通过节奏、旋律、和声、音色的完美组合来感染欣赏者。古人很早就发现了音乐陶冶情操、净化灵魂的作用。音乐与情绪有着密切的关系。

轻松欢快的音乐可以使大脑及整个神经功能得到改善，节奏明快的音乐能使人精神焕发，旋律优美的音乐能安定情绪……研究表明，良好的音乐能消除人的不良情绪体验。

有一位心理学家曾对三个不同的交响乐队的两百多名队员进行过心理分析。结果显示，以演奏古典乐曲为主的乐队成员心情都平稳愉快；

以演奏现代乐曲为主的成员中 60％以上的人容易急躁，22％以上的人情绪消沉，还有一些人经常有失眠、头痛、耳痛等症状。同时，对音乐爱好者进行的一项调查显示：喜欢欣赏古典音乐家庭，人与人的关系和睦；经常欣赏浪漫派音乐的人性格开朗；而喜欢现代派音乐的家庭，成员之间经常争吵不休。

由此可见，舒缓的古典音乐对人类的情绪有积极的影响，有时还能帮助人们平复情绪创伤。

这是因为音乐欣赏极富幻想，它可以使人超越现实。在现实世界中，人有种种烦恼、忧虑，而音乐却能让人超然物外，调剂客观与主观的矛盾，恢复人的心理平衡。除了这些，音乐还能帮助人解除苦恼，而且能够让人在欣赏中冲破习惯思维的束缚，激发出巨大的创造力和潜能。

当情绪出现问题时，人们的身体也会出现某种信号，产生健康问题，有时聪明的医生会用音乐帮助人们恢复健康。

英国一位男子妻子早逝，他悲痛过度，长期走不出阴影，半年后胃部出现不适，经常会出现胃痛症状。到医院检查也没有查出具体病因，后来医生认为他患的是神经性胃痛，主要是由于情绪低落、忧伤引起的。这个医生给病人开了一张奇怪的处方，就是让病人听德国巴哈的乐曲唱片，每天听三次，都是在饭后。坚持一段时间后，病人精神状态变好，胃痛的症状也逐渐消失了。

医生认识到情绪创伤是胃痛出现的根本原因，于是利用音乐的神奇功能帮助病人恢复了健康。

因此，当不良情绪出现时，不要过于紧张使问题更加严重，有时解决情绪问题就需要一张唱片，你完全可以借助音乐来战胜不良情绪，用舒缓的音乐平复情绪创伤。

怎样借助音乐解决你的情绪问题呢？具体你可以这样做：

其一：学唱几首歌。唱歌是普通人接触音乐最普遍的方式，去KTV唱歌也是很多人选择的娱乐休闲方式。学唱几首积极向上、婉转优美的歌曲，做事时浅唱低吟一番，也能使人心头的郁闷一扫而空。

其二：培养音乐审美情趣。如果对自己提出更高的要求，就是学着欣赏一些高雅的古典音乐，培养自己的审美情趣。像《回家》《月光奏鸣曲》《小夜曲》等意境深远的曲子，能让人从感伤中解脱出来，变得心情畅然且充满自信。长时间欣赏这样的音乐，整个人的格调就会变得完全不同起来。

其三：当意识到自己产生不良情绪时，倾听优美舒缓的音乐。当情绪出现创伤时，选择合适的音乐去欣赏十分重要，悠扬的曲调能够让人愉快地休息，舒缓悦耳的曲子能够驱散疲劳，但是有些音乐却会加重精神抑郁、急躁易怒的情绪，比如有的音乐紧张恐怖，音调怪诞，和声刺耳，是不利于疏解不良情绪的。

不管是在"只可意会，不可言传"的状态中感知，还是与音乐的感情内涵相互交融、发生共鸣，人们都会在对音乐的不断品味中使精神得到升华。不要拒绝音乐的好处，利用好音乐，让音乐积极影响你的情绪吧。

感到郁闷，大喊一通吧

生活压力越来越重，竞争越来越激烈，越来越多的人心里积压着不良情绪无处发泄，只能把"郁闷"挂在口头上。如果郁闷情绪得不到疏解，心态得不到调节，就会影响工作才能的发挥，影响家庭幸福，进而影响到整个人生。

当你觉得自己的郁闷情绪蓄积到难忍的程度了，那你非常需要把郁闷情绪宣泄出来。宣泄不良情绪，有很多方法，比如调整饮食、找朋友倾诉、旅游、听音乐、运动等，但是除了这些常规方法，你还可以尝试一种立竿见影的方法——大喊。

大声叫喊、释放压力，在美国大学校园是一项历史悠久的备考传统，像哈佛、耶鲁这样的名校，学生都习惯于用这种方式缓解紧张情绪。

安德鲁·沃克是美国西北大学电影专业大三学生，放假前他要写完一部电影剧本，夜以继日，压力非常大。在期末考试的前一晚，他参加了"尖叫活动"，和一群同学身穿薄毛衣、牛仔裤，站在瑟瑟寒风中，放开嗓子大叫了一分钟。一番歇斯底里叫喊过后，沃克喉咙有些疼痛，但他感觉心里的压力一下子减轻了许多，情绪也不再那么紧张了。

对于在校大学生来说，期末考试前是心理压力巨大的一段时间，假如不能采取正确的减压方式，可能会影响到心理健康，用大喊减压不失为一个好的方法。

也许你的压力比这些学生还大，也许你的心情比这些学生还糟糕，你想到自己是成年人，用大喊大叫的方法好像有点有失体统。如果你这样想就错了，只要条件允许，不影响他人的生活，你也可以用这种简单的方式缓解郁闷情绪。

影视红星郭美妮也有压力，早前她与陶大宇绯闻传的沸沸扬扬，她承受巨大的压力，甚至想过自杀。后来，她想办法去疏解郁闷情绪，或者看电影，或者听歌，后来她发现一种比较有效的方法——躲在厕所内大叫，并对自己说："不开心两天便够了，千万不能被郁闷打倒。"

即使公众人物也坦然承认自己在厕所大叫疏解不良情绪，可见这并不是什么出格的举动。

首先，克服心理障碍。大家都有顾虑他人想法的心理障碍，做事缩手缩脚，更认为大喊大叫是一种出格的行为。其实，你并没有自己想象的那么引人注目，每个人都有自己的生活方式。当你郁闷时，更不要顾虑那么多，按照自己喜欢的方式放纵一下自己也没什么。

其次，寻找志同道合的人。有更多的朋友支持你，你更容易喊出来。郁闷时找几个志同道合之人，一起大喊，彼此也不会看不惯，会是一种绝佳的放松方式。

最后，选择合适的地点。去大海边，去大草原，去沙漠，在大自然的开阔空间喊出自己的郁闷，让郁闷在天地之间慢慢消散。也可以站在公司的大厦，望着远处喊出自己的郁闷，把坏心情释放到远处。还可以到洗手间、卧室等封闭的空间，只有自己，毫无顾虑地喊出自己的不快。不管怎样，选择合适的地点，可以让"大喊大叫"减压的效果更明显。

每个人都有脆弱的时候，每个人都有权力疯狂一次，郁闷了，不快乐，就为自己创造条件，选择合适的地点尽情地大声喊叫。这样的方式可以帮助你释放负面情绪，为心态排毒，轻装上阵，开创美好人生。

放下烦恼去旅行，给心灵放个假

很多人都有烦恼的体验——领导给自己穿小鞋、孩子上学问题没有解决、每天挤两个小时公交才能到单位、准备买房了房价却居高不下……虽然都是生活琐事，但是桩桩件件都会破坏掉你的好心情，让你心中积攒了太多的负能量，你的生活会变得一团糟。

其实，一个人的生命很大部分时间是在烦恼中度过的，严格地说，人的一生都在烦恼，只会在极短的时间内才能摆脱这种烦恼。怎样去摆脱这种烦恼呢？最有效的方式就是旅游。你可能会想，旅游回来以后呢？还不是照样烦？其实，"烦"也解决不了问题，何不为心灵放一个假呢，也许旅游回来问题就有办法解决了。

在纽约的大街上，一个卖花的老妇人每天都脸挂微笑，开心地向路人兜售她的鲜花。有人问她："你为什么每天这么快乐呢？"老妇人挑了一朵最靓丽的玫瑰递给路人，说："耶稣在星期五被钉死在十字架上，那是全世界最绝望的一天，可是三天后就复活了，所以，每当我遭遇不幸，我只需要满怀希望地等待三天，必然会有惊喜。"

苦难既然来了，就给自己充满希望的三天时间，苦难会过去，幸福会回来——这就是老妇人的人生哲学。这个故事能给你一些启示吗？

既然烦心的事情那么多，也难以一下子解决，不如给自己快乐的几天，去旅行，让心灵放个假。

旅行是一种非常好的放松方式，不仅能开阔眼界，还能让你释放心中压抑许久的情绪，同时愉悦身心，缓解压力；旅行还可以让你深刻认识生命的意义——一个人的生命有限，美丽的景色不能——去欣赏，珍惜当下才不会留下遗憾；旅游可以给你一段属于自己的时间，让你静下心来思考一下接下来的路怎么走。

作为北京上班族，小可的生活和大部分人一样，每晚8点还和同事一起齐刷刷地稳坐在位置上，在公司吃完晚饭然后挤公交回家。虽然公司裁员名单上没有她，但是她还是觉得自己像大病一场，每天昏昏沉沉，晚上入睡很难。后来她听从朋友的建议，决定来一次"说走就走的旅行"，她请了一周的假，去中国最浪漫的"慢城"——厦门旅行，逃

别败在不会调节心态上

离让她夜夜失眠的工作，逃离拥挤的北京，让自己彻底放松下来，返回北京后失眠的毛病也没有了。

利用一次旅行缓解工作压力，享受另一种生活，对于小可来说是最好的休闲方式。虽然回来后还要面对曾经的工作，但是心灵在假期得到休息，必定会变得更加强大。

如果一个人的寿命是 80 岁，1 岁至 20 岁不谈论生命的价值，只留下四十年的时间供我们支配，除了每天 8 个小时睡眠，工作时间是每天 8 小时，还剩下多少时间让我们休闲呢？如果不能抽出时间去旅行，人生岂不是就是在睡眠和工作中度过的？那岂不是太乏味？不要再拖了，为自己制定旅行计划，开始一次说走就走的旅行吧！

首先，做好旅行前的准备。选择一个梦寐以求的目的地，然后确定旅行线路，根据旅行线路长短做出简单的预算；根据线路行程，订火车票、机票、酒店；同时根据旅行地点的天气情况准备行囊。充分的准备可以让你没有后顾之忧，给你一个美好的假期。

第二，好好享受旅行的时光。旅行的时候要让自己完全放松下来，最好让手机处于关机状态，也不要上网关注行业信息，尽情地过一段时间的慢生活，心安理得地在散步、吃饭等你曾经以为是无关紧要的事情上浪费时间。好好享受旅行时光，让心灵充分放松，为你的心态排排毒。

最后，返回后整理旅行成果。旅行结束后要把旅行过程中的图片、文字整理出来，旅行时淘到的艺术品可以陈列起来，这些成果可以在你再次心烦时帮助重拾美好的记忆。

不管是生活中的不幸，还是工作中的不顺，都有可能在你心灵深处堆积更多的垃圾，让你陷入"心烦"，这时你需要换种心情，为心灵放个假。也许，只有这样你才能跳出迷局，开始崭新的生活。

食物也能让你的心情好起来

我们一般认为食物的作用主要在于提供营养，大部分人并不认同食物能够改变心情的说法，然而，医学证明食物中的营养物质是可以影响到人体及其神经的，改变心情也就是轻而易举的事情了。

电影《浓情巧克力》讲述了这样一个故事，异乡客薇安娜与她的女儿阿诺克，来到一个景色优美、民风保守的法国乡间小镇，在教堂对面开了一家可爱的巧克力店。她根据不同人群的口味，做出最能满足他们需求的巧克力甜食，叫他们难以抗拒，一股充满热情享乐气息的风潮，甚至让小镇原本淡而无味的生活都发生了变化。

电影女主人公就是靠巧克力打开了小镇人封闭的内心，帮助他们重拾生活的欢乐，由此可见，食物对人内在的情绪有十分重要的作用。

美国一心理学家参考了 500 多份病例资料，围绕食物与精神状态之间的关系展开了研究，研究显示，就餐者可以通过改变饮食来控制自己的情绪。

所以，当你不开心时，运用"美食疗法"，也能给你的心灵做个按摩，让你的心情好起来。

伯朗是一家大型餐馆的老板，他的未婚妻脾气暴躁，经常生气，后来伯朗发现未婚妻只要吃了刚出炉的新鲜的法国棍子面包，情绪就会好转。伯朗感到不可理解，但是经常为未婚妻准备这种面包。后来伯朗偶然从医生那里知道这件事的秘密，原来咀嚼大块的食物可以发泄情绪。伯朗恍然大悟，原来未婚妻的情绪可以用食物来改善。

情绪和食物关系是十分密切的，一些不良情绪可以靠"吃"来缓解。

如果你想开心起来，又觉得给你的各种生活建议非常繁琐，不妨尝试最简单的方式——品尝美食。

吃哪些食物可以让心情好起来呢？下面简单列出几种：

有益心情的食物：菠菜等绿叶蔬菜富含维生素 B，有利于身体产生多巴胺及有益好心情的激素；巧克力也有保持心情的功效，心情差时吃一块细滑的巧克力是不错的选择。

稳定情绪的食物：奶酪和坚果都能稳定情绪，因为奶酪中的赖氨酸和坚果中的精氨酸可以减轻人们的焦虑情绪，让人平静下来。

让人充满活力的食物：高蛋白、脂肪能帮助人保持旺盛精力，使人充满活力。如果你太在意体重的话，可以适当摄入，不要过量。不然等变胖了，你也很难开心起来。

提高注意力的食物：薄荷气味有助于集中注意力，提高工作效率；现煮的咖啡是大脑的最好"燃料"，一杯咖啡就足以提高注意力，改善解决问题技巧。但是咖啡摄入过量，会引发失眠问题，这是不可取的。

如果你觉得最近一段时间比较烦，有很多不开心的事情，你想换个心情，不妨试一试这些食物，找三五好友一起品尝，说不定会有让你意想不到的惊喜呢！

运动一下，用大汗淋漓换来心情舒畅

运动是保持身体健康的一种有效方式，但是在现代社会，人们往往因为工作太忙很少参加体育运动，甚至宅在家里一动不动，几乎没有任何运动。

其实，运动的好处远比我们想象的要多。

美国杜克大学医学院曾对 156 名 50 岁以上有精神抑郁症的男子进行研究。将他们分为三组，第一组每周运动三次，每次半小时；第二组只靠药物治疗；第三组药物治疗与锻炼治疗兼顾。16 周后，三组病人的病情都有显著改善。再过 6 个月后，研究者发现运动组抑郁症复发的比例最低，只有 8%；药物组抑郁症复发率达 38%；药物治疗和锻炼治疗兼顾的小组抑郁症复发率为 31%。由此得出结论，锻炼组的病人在运动中锻炼了主动精神，对病情有"自我掌握感"，随着病情的改善与锻炼的进行，形成良性循环。

体育锻炼可以治疗抑郁症，而且效果持续时间很长，这说明参加体育锻炼可以让人形成积极乐观的心态，从而从主观上对抗抑郁。

在普通人中，与不运动的人相比，经常运动的人有较强的自制力，正面情绪突出，他们更聪明、认真、富有想象力，为人直率，而且有较强的自立能力。所以，压力过大、心情压抑时，大汗淋漓地运动一下，不失为一种非常好的方式。

另外，运动使人体发生一系列化学变化，运动者血液中会产生一种让人欢快的物质。要激发出这种物质，需要科学的方法。

有研究对 32 名男大学生分别进行 30 分钟的慢跑和踏级的测试。结果显示，运动中积极和消极的情绪随练习强度和方式的不同产生波动，但 30 分钟有氧运动后产生的即时效果是积极情绪和疲劳感觉增加，消极情绪降低到基线；运动结束 30 分钟和 60 分钟后，积极情绪增加，心理疲劳感觉降低。

所以想要用运动改善心情，需要保持运动 30 分钟以上，让自己大汗淋漓起来，才能唤醒积极情绪。

运动也有一定的针对性，不同的负面情绪选择符合这种情绪特点的运动，会有事半功倍的效果。比如，焦虑对应慢跑、瑜伽、游泳等运动，因为焦虑是以反复出现的忧郁不安等为特征的一种情绪状态，在这种状态下，最好做一些能让身心舒缓的运动项目；愤怒对应登山、快速跑、网球、羽毛球等运动，因为消耗性的体育运动可以让负面的能量宣泄掉；紧张对应足球、篮球、排球等运动，因为在这些项目的激烈场合中接受考验，遇事就不会过于紧张；抑郁对应快速跑、网球、羽毛球等运动，因为这些运动简单、易于操作、有一定强度，这有利于帮助转移注意力。

坏心情爆满时，你可以尝试一下几个小运动：

瑜伽。非常适合女性的运动，每周练习 3 次，每次 1 小时，可以提高体内神经传递物质的水平，缓解焦虑，使人自信，从而达到改善情绪的目的。瑜伽新手应学会正确呼吸，用鼻子慢慢吸气，数 5 秒，保持 2 秒钟；再用鼻子慢慢呼气，数 5 秒，彻底排出肺部空气。

普拉提。这个运动男女皆可，每周练习 3 次，每次 1 小时，有助于放松身心，对睡眠也十分有好处。做普拉提最重要是躺在地板上，颈部放松，保持脊椎的自然弯曲。

自行车。自行车是十分浪漫的运动，在户外呼吸新鲜空气，拥抱大自然，这个过程就让你心情愉悦。每周应中速或慢速骑自行车 3 次，每次 15 分钟，运动者会感觉浑身更有劲，充满活力。

打太极。太极对心情的平复效果十分明显。每天练太极拳 20 分钟，可以减缓压力。练习太极拳要注意四肢和身躯协调、动作柔、呼吸有节奏，而且精神要高度集中，排除杂念。

你可以根据自身情况选择自己喜欢的运动，并坚持下去形成一种习惯。不要找各种借口逃避运动，一点一滴的时间都可以用起来。当你坚持运动，并把运动变成生活中不可缺少的一部分时，你就会变得乐观豁达，形成积极的心态。这个变化是很神奇的，你不妨尝试一下。

第三部分
心态修炼：成为别人愿意接近的魅力达人

怎样让自己成为魅力达人？怎样让自己拥有强大的心态正能量？我们需要做的是修炼自己的心态。用自信收获内心安全感，学会在独处中自省，乐观面对一切，不计较，不抱怨，知足常乐……一切健康的心态都需要慢慢修炼。换一个角度看问题，从点点滴滴做起，树立积极的信念，在这个过程中，我们会慢慢懂得宽容、感恩、不抱怨的真谛，我们将会在未来发现最美好的自己，成就幸福快乐的人生。

第九章

自信的心态，让你收获内心安全感

感谢所有"折磨"你的人

人生在世，总要经受很多折磨和各种苦难。如何看待这种折磨和苦难，取决于你的心态。有些人可能会抱怨各种挫折，记恨曾经折磨过自己的人；有些人却接受苦难，感谢所有折磨过自己的人。你要做哪一种人呢？

其实，生命是一次次的蜕变过程，唯有经历各种各样的折磨，人生才能得到升华。看看成功者走过的人生路程，你会发现真正促使他们进步、成功的，不单是他们自己的能力，不单是朋友的鼓励，还有那些折磨过他们的人。正是这些人，才激发了他们的潜能，促使他们不断进步。

一个年轻人从学校毕业后，进入一家石油公司任职，随即被总公司分配到一个油田工作。工作的第一天，工头便要求他在限定时间内登上几十米高的钻井架，将一个包装好的漂亮盒子，送到最顶层的主管手中。年轻人拿着盒子气喘吁吁地登上顶层，把盒子交给主管，只见主管在盒子上签了自己的名字，又让他送回去给工头。于是年轻人连忙又快速地跑下去并把盒子交给工头，但是工头同样只签了个名字让他再交给主管。年轻人感到莫名其妙，他心里隐约感觉到主管与工头在故意刁难他。当他第三次将盒子送给主管时，主管将盒子拆开，里头居然是一罐咖啡，主管说："给我冲一杯咖啡。"年轻人终于确定是主管与工头联合起来欺负他，他非常愤怒，用力把盒子摔到地上，气愤地说："我不干了！"这时，只见主管失望地摇了摇头，对他说："你知道刚刚这一切其实是承受极限的训练，因为我们的工作随时都可能会遇到危险，工作人员都必须要有极强的承受力。真可惜，你差一点就通过了。现在，你可以走了。"

年轻人没有承受折磨的能力，最后只能被淘汰出局了。假如他再坚持一下，从内心认识到任何折磨都是锻炼的话，他就不会抱怨，甚至感谢折磨自己的人，也会获得主管的认可。

所以，不管那些折磨你的人是善意还是恶意，他们都在帮助你成长、成熟、成功！认识到这一点，你的人生就会变得更加从容淡定。

二战结束后，一位从日本战俘营里死里逃生的士兵，去拜访当时和自己关在一起的难友。他问这位难友："你已经原谅那些家伙了吗？"难友回答说："我早已原谅他们了！"士兵说："我恨透他们了，这些坏蛋害得我家破人亡，至今想起恨不得将他们千刀万剐。我永远不会原谅他们！"难友听了之后，静静地说："若是这样，那他们仍监禁着你。"听了难友的话，士兵一愣，因为他这些年一直被仇恨折磨，过得很不好，原来是自己把自己关进了牢笼？后来，他深深地反省了自己，决定用宽容的心面对曾经的一切，终于走出了战争的阴影，成为一个健康快乐的人。

这话让他一下子明白不应该对过去的事耿耿于怀，对伤害自己的人恨之入骨，而应以一颗宽容的心接受一切、原谅一切。

如果你也像那位士兵一样，遭受过苦难和折磨，从而陷入怨恨的深渊，那么你的生活肯定是不快乐的。要想改变这种生活状态，你应该转变自己的心态，走出阴影，感谢那些曾经折磨过自己的人。感谢伤害你的人，因为他磨炼了你的心志；感谢绊倒你的人，因为他让你的双腿更强壮；感谢欺骗你的人，因为他增进了你的智慧；感谢遗弃你的人，因为他教会了你独立。

在生活中，你应该试着这样做：

其一：学会宽容。沉浸在被欺骗、被折磨的痛苦中，不如宽恕他人，宽恕他人等于宽恕自己，也等于解放了自己。真正促使你成功并让你坚持到底的，是那些常常折磨你，给你带来巨大麻烦与不快的人。因此，你要学会宽容，忘记仇恨。只有能容纳敌人，才能得到世界。

其二：让不愉快的经历成为过去。仇恨源于过去被伤害的不愉快的记忆，把不愉快的经历加诸现在，那你便永远走不出过去的阴影，永远也抹不去曾经的伤痛，很容易形成狭隘的仇恨心理。让不愉快的经历成为过去吧，一旦你放下过去，原谅了曾经伤害过自己的人，你的生活就会变得轻松愉快。

其三：把折磨当做一种动力。在自然界，没有天敌的动物往往最先灭绝，有天敌的动物则会逐步繁衍壮大。因此，只要你把折磨当做一种动力，在痛苦中崛起，你便会产生令人难以置信的力量，不仅能得到敌人的尊敬，也铸就自己高尚的人格。

你要记住，一个人受尽折磨时潜能往往能被激发出来，而且他会越挫越勇，逼迫自己去突破现状，所以你现在的一切不幸都是成功的注脚，一切折磨你的人都是在帮助你成功。认识到这一点，你才能转变心态，接受现实，从而成就幸福快乐的人生。

別败在不会调节心态上

跟在大家身后，你就永远无法领路

在现实生活中，你是不是有这样的习惯：在公司别人说什么话你就附和什么，生怕自己说错话；去超市，喜欢去人多的地方，大家抢什么你就抢什么；做什么事情没有主见，参考大多数人的选择……

假如你觉得只有这样做你才有安全感，才能心安理得，那么你就陷入了"从众心理"的误区。

从众心理是个人由于群体的引导或压力，而向与大多数人相一致的方向变化的心理。从众心理与人的独立性是相对立的，从众性强的人缺乏主见，易受暗示，容易不加分析地接受别人意见并付诸实行。

一个平常的午后，在一条嘈杂的大街上，突然一个人跑了起来，因为他突然想起了与情人的约会，现在快迟到了。过了一会儿，另一个人也跑了起来，这是个兴致勃勃的报童。同时，一个有急事的胖子也一路小跑……10分钟之后，不知为什么，这条大街上所有的人都跑了起来。大家惊慌失措，相互传着恐怖的消息，"什么？决堤了？""前面发生什么事？"没有人知道到底发生什么事，只是一味慌张地跑着，突然有人喊："向东！东边安全！"人群都向东奔去……

本来是平常的一天，但是因为几个人的奔跑，大家也跟着漫无目的地奔跑，最后酿成了一场事故。可以说，其中很多人都是浑浑噩噩的，不知道为什么这样做，这都是从众心理惹的祸。

从众心理产生的原因大致有三条：一是渴望获得正确的信息；二是为了被喜欢和接受；三是为减缓群体压力。

"跟在大家身后"的从众心理有很大的危害，常常被人利用，比如广告宣传，使人做出不理性的选择；从众心理甚至发展到盲从，人会缺乏独立思考的精神，形成不健康的心态，做出错误的选择；从众心理还会让人失去独特的价值，成为跟随者，难以成为"领路人"。这些都对事业的发展十分不利。

某公司这段时间气氛紧张，因为有人得到小道消息说要进行大规模的裁员，凡进入公司不足三年的员工，都在备选名单之列。这个消息越传越真，大家慢慢开始相信了，茶余饭后都在闲聊这件事情，不少人在担心自己的命运，有的人甚至开始为自己谋出路——"与其被动地坐在那里等着公司来炒，还不如先下手为强，炒公司鱿鱼。"于是，很多人开始投简历，请假面试。然而事情并非他们所想的那样，一个月后，裁员消息被证实是虚假的，公司一切正常。经历了这场风波，人事部门开始关注个别煽风点火和积极出去找工作的员工，这些人的忠诚度被怀疑，升迁之路也变得更加艰难。

盲目听从没有证实的消息是职场大忌，没有经过深思熟虑，就跟风投简历、面试，是不成熟的表现，最终被列入黑名单也是必然的。

不管是在生活中，还是在工作中，你要记住：跟在大家身后，你就永远无法领路。要想提升自己，成就事业，你就要调节自己的心态，战胜从众心理。

那么，应该怎样战胜从众心理，成为"领路人"呢？

首先，认识到不是大多数人奉行的观点就是正确的。社会现实是由多数人的共同信念和思想所构成的，所以人们总是倾向于把大多数人认为正确的事物作为判断的准则。其实，事实证明，真理往往掌握在少数人手中，你要学会适当怀疑，不要盲信大多数人认为正确的道理。

其次，建立自信。你也许因为希望获得他人的喜爱和友好的对待，害怕被别人拒绝，所以去做大多数人做的事情。其实，你完全不必如此自卑，你要发掘自己的优点，坚信只要做好自己就能赢得他人的好评。

最后，做独特的自己。在群体的压力下，个人会产生符合群体要求的行为与态度，不仅在行动上表现出来，而且在信念上也改变了原来的观点，放弃了原有的意见。其实，你就是你，不用模仿复制他人的做法，按自己的意图、愿望采取行动，做最独特的自己反而让你赢得赞赏。

随大流、人云亦云确实是安全的、不担风险的，但是被动从众，一味跟在别人身后，势必会失去自我价值。积极地转变一下心态，做领路人，做最开始做决定的那个人，这样你将拥有一个真正属于自己的人生。

相信你自己是独一无二的

世上没有完全相同的两片树叶，即使渺小如树叶，也是独特的存在，那么人类呢？你也许觉得自己太普通，在生命的几十年时光里一直是别人的陪衬，从未引起过别人的注意。但是上帝对每个人都是公平的，他为每一个人都设计了优点，只不过有些人的优点被忽略掉了。

不必因为自己的平凡而沮丧，只要你懂得调整心态，努力发现自己的优点，放大自己的优点，你就是那个独一无二，无人替代的人。

美国钢铁大王卡耐基在接受记者采访时说，自己每次感到失望沮丧时，都会玩一个"幸福游戏"，就是在一张纸上写出自己所有的优点与长处，然后想一想："如果没有这些优点，我会怎么样？现在的我如此与众不同，我又有什么不满足呢？"每到这时，他就会觉得自己充满了力量，眼前的烦恼真的没什么大不了的。

想一想，从受精卵开始，基因就已经决定了你活着的每一秒都是世界上独一无二的。从出生到长大，你的一举一动都是与众不同的，你都是一个奇迹。

虽然你的生活和大多数人的生活一样，上大学，毕业之后顺利找到工作，找个条件相当的男友或者女友结婚生子，过上一成不变的稳定生活。但是在这个过程中，你完全可以展现自己的个性，尊重自己的选择，做独一无二的自己。

曾经创下一年推销1425辆车，创造了吉尼斯纪录的推销员基安勒，在很小的时候就跟随母亲从意大利移民到了美国。他在汽车城底特律度过了悲惨的童年，他的父亲一辈子碌碌无为，总是对他说："认命吧，你将一事无成。"这个说法让他更加沮丧，但是他的母亲却告诉他世界上没有谁跟他一样，他是独一无二的。从此，他燃起了希望之火，认定自己就是最好的。每天临睡前他都要对自己说："我是最好的。"长大后，他第一次去应聘时，那家公司的秘书向他索要名片，他递上一张黑桃A，结果立刻就得到了面试的机会。他说："因为A代表第一，而我刚好是第一。"就这样，他被录用了，而且后来真的成了世界第一。

如果没有母亲的鼓励，不坚信自己是独一无二的，基安勒可能会和父亲一样一事无成，碌碌无为。正确的心态焕发出神奇的力量，推动着基安勒一直走到成功。

如果你一直觉得自己平凡、普通得令人自卑，不妨试着建立自信，做独一无二的自己。

首先，发现自己的优点，建立自己的风格。俗话说，尺有所短，寸有所长。每个人身上都有优点和缺点，你应该多去发现自己的优点。当你从自己身上找到 5 条以上的优点，你会变得更加自信，然后最大限度地把它们发挥出来。

其次，放大自己的优势。发现自己的优点，接下来要放大你的优势，把自己当成个人品牌来经营，创造自己的价值。很多成就卓著人士的成功，就得益于他们充分了解自己的优点，根据自己的优点来进行定位或重新定位，增加竞力。

最后，朝自己想象的方向努力，让自己变得无可替代。不管怎样，都不要放弃努力，朝着自己想象的方向努力，让自己成为不可替代的那个人。只有无可替代了，才能充分展露自己的才华，实现自己的价值。

请相信，在这个世界上，每个人都身怀绝技。需要你做的是努力寻找自己的过人之处，相信自己也会在某个夜里，在一片漆黑的晚空之中，最终发出耀眼光芒。

走自己的路，随便别人去说

美国心理学家发现一个很奇怪的现象，那就是成功的总统往往不能得到大众的喜欢，他们固执己见，不肯接受别人的意见。虽然他们有些偏激，但是他们不在乎别人的议论，往往容易把握住机会，从而获得政坛的成功。

走自己的路，让别人说去吧！这句话大家经常挂在嘴边，但是真正做到的没有几个，一般人都太在意别人的看法了：买了一件新衣服希望得到别人的夸奖；做一个决定，会被别人的看法左右；明明有自己喜欢的事情，但是迫于别人的眼光放弃了……

古代有一名画师，他一直想画出一幅人人见了都喜欢的画。于是他画完一幅画，拿着它到市场上去展出，在画旁放了一支笔，并说明每一位观赏者如果觉得此画还有需要修改的地方，就在相应之处做上记号。结果令这位画师十分惊讶，因为他发现整幅画竟然涂满了记号，这说明没有一笔一画不是需要修改的。画师很不解，开始怀疑自己的能力。经过一番思索后，他打算换一种方法。他又画了一张同样的画，依旧拿着它到市场上展出，要每位观赏者指出这幅画的精彩之处。结果令画师再一次感到震惊，因为原先所有被否定指责过的地方，现在都被做上了赞美的记号。

这个故事告诉我们，在任何时刻都要坚持自己的路，不要太在意别人的看法，因为别人的看法永远是别人的看法，有赞美就会有批评，没有人可以让所有人都满意。

即使一棵平凡的小草，也有与众不同之处。太在乎别人的看法，你会逐渐失去自我，失去主见，失去独特的价值，整日活在别人的话语与眼光中，无法实现自我价值。你只有转变心态，坚持走自己的路，才能铸造与众不同的人生。

一位双目失明的大学毕业生，历经千辛万苦才找到了一个调琴师的职业。她把这个消息告诉家人朋友，所有人都说："你的眼瞎了，干这行是很不容易的，你不适合干这行，真的。"这位大学生心想自己的眼睛虽然是瞎了，但是耳朵还是十分灵敏的，只要努力，就一定可以做好调琴师这个工作。看到她那么坚持，家人只好让她去做那份工作了。这位大学生在工作中吃苦耐劳，连老板都被她感动了。后来，她的调琴技术飞一般提升，得到老板的重用，最后她终于成长为专业的调琴大师。

如果这个大学毕业生没有坚持走自己的路，在别人的劝说下放弃这份工作，她就不会有以后的成绩，说不定会一事无成。

能听取别人的意见是一种优点，但是别人的意见不能左右你的主见，不然听取别人的意见也会成为一种错误的行为。人生路要自己来走，如果你连为自己做主的勇气都没有，还何谈生活，何谈成功呢？

走自己的路，让别人说去吧，你做好调节心态的准备了吗？

首先，学会理性分析别人的意见。不懂得坚持自己的立场的人注定毫无成就，而坚定自己立场的人才会成功。当别人给你一些意见和建议时，学会理性分析其意见的合理性，有选择地听取意见，切莫让别人的建议反客为主，取代了你的主见。

其次，做好自己的事情，不去盲目羡慕别人。每一个人的生活都有其精彩之处，你完全没有必要去盲目地羡慕别人。只要做好自己，坚持自己的看法，就不会在别人的观点里迷失了自己的人生之路。

最后，既然选择了，就坚持走下去。既然选择这条道路，即使不是最好的，也要坚持下去，不要因为别人的看法轻易放弃，才能达到最终的目标。放弃了不仅会使你失去成功的机会，生命也会变得索然无味。

哲人说：相信自己，才能肯定自己；肯定自己，才能欣赏自己；欣赏自己，才能成就自己。在人生旅程中，如果你总是因为他人的看法改变自己，你会活得越来越没有自我。从现在开始，要求自己凡事都要有主见，不要在意别人的看法，让自己成为命运掌舵人。

悦己，先从外形开始改变

现代人容易走进一个误区，就是在乎别人，等待别人的肯定，这样不仅让你活得很累，也会让你失去自我。其实，我们不仅需要被人肯定，也需要自我认可，自我认可才能获得内心的愉悦，这就要求取悦自己。

取悦自己就是接纳不完美的自己，关注自己的内心，从而能更加从容淡定地面对生活。应该怎样取悦自己呢？首先从改变外形开始。

在电影《杜拉拉升职记》中，杜拉拉进入职场，她每天穿着平底鞋上下班，但是进入公司大门，就会立即从包里拿出一双高跟鞋，换上以后才昂首挺胸地走进公司。凭着这样的劲头，杜拉拉逐渐成长为职场丽人，从每个月拿 3000 块的小职员做到年薪 30 万的 HR 经理。

不能取悦自己，也难以让别人喜欢你；没有在形象上用心，也难以让别人对你用心。杜拉拉在升职路上，不断地修正自己的形象，终于为自己的事业加分。

有人说，不注重形象的女性是没有未来的。由此可见外形的重要性。形象能展示一个人的知识修养、文化素质，不同场合的不同造型能反映一个人的良好职业素质，好的形象还能让一个人变得更加自信。想一想，你看到镜中的自己蓬头垢面、不修边幅、衣着邋遢，你怎么会喜欢自己？怎么能充满自信？内在素质重要，但是也不要忽视外在形象的重要性。

王晨就职于省城一家外企，短短一年时间，就从一名办公室文案升职为部门主管。王晨为不同场合准备不同颜色的衬衣、鞋子，精心搭配，显得十分庄重、大方。每次出席正式场合，王晨总能将着装与自身的气质融为一体，成为众人中最出色和抢眼的一个。加上王晨长相帅气，给很多客户留下了良好的印象，很多客户都指明要其负责合作。也正是因为这样，王晨的职场之路走得挺顺。

什么因素能决定你的职场之路？一项调查显示，能力占 40％，外形占 33％，关系占 14％，学历占 8％，金钱和职位各占 1％。有人觉得夸张，但是事实证明，外形确实能决定职场之路的顺畅与否。王晨长相帅气，又注重外形，所以非常自信，为人处世也非常大方得体，赢得好感是必然的。

当你不自信、甚至讨厌自己的时候，不妨从改变外形做起。

首先，学一些护肤、化妆知识。香奈儿夫人每天都要精心地打扮自己，让自己时刻保持好的状态，因为她认为："我不知道机会何时到来，所以每天都化一个淡妆，精心搭配，做好迎接的准备。"学一些护肤知识，爱护自己的脸面，这是你最重要的形象财产。

其次，学一些形象设计的知识。平时可以参加一些色彩理论知识讲座、色彩搭配知识讲座、各阶层人士职业形象技巧、个人整体形象管理课程等，并把知识运用到实际中，改变自己的形象。

最后，注重内部修养，提升个人品味。改变形象要从提升穿衣品味与素质做起，所以多读书、交友、欣赏音乐，能让你变得优雅从容，充满自信，从而改变你的形象。

先取悦于己，然后才能取悦于人，犹如夜里才开花的夜来香，先让自己馥郁芬芳，才能赢得他人的赞赏。从现在开始，注重生活的点点滴滴，从外形开始改变，总有一天，你会发现自己更加自信、从容。

找到自己的信念并坚守它

信念是人们根据过去的生活经验，对快乐和痛苦做出主观认识而形成的。大多数情况下，人们不知信念如何产生的，但能谨慎地遵守着，丝毫不敢违背。拥有信念的人，意志比较坚定，能够迫切地去做自己想做的事情，他们不容易被击倒，往往会成为人生的胜利者。而没有信念的人，一生都会浑浑噩噩，纵容负面想法盘踞在心里，一生穷困潦倒。

如果你觉得生活迷茫，找不到方向；如果你觉得自己庸庸碌碌，但是找不到原因；如果与人相处你没有自信，总觉得自己低人一等……这时你就要检视一下自己的心态，问一问自己是不是缺少了信念，你要做的就是找到自己的信念并坚守它。

美国侦探小说家苏格拉·芙顿女士刚开始写作时，没有人看好她，但是她凭着对写作的执着信仰和热情不停地写，一直坚持了 25 年。在这 25 年中，她的作品大多不受重视，最终都落入了书桌抽屉的最底层。在沉寂的日子里，她只是在文字中坚持自己的信念。直到她的写作生涯迈向第 25 年之际，她的作品终于受到出版商的青睐，出版了第一本书。

拥有了信念，就能坚持梦想二十多年，永不放弃，最终获得了成功。假如苏格拉·芙顿女士没有写作的信念，她是否能坚持这么久，是否能获得成功，都是未知数。

每一个人都带着两个信封来到这个世界，一个信封装着源源不断的幸福与财富，只要我们有坚定的信念和积极的态度就能够获得；另外一个信封装着平庸与失落，如果你缺乏坚定的信念，最终收获的只有这些。

每一个人都希望自己有一天能登上人人艳羡的山巅，享受成功的果实，但如果不具有登上巅峰的坚定信念，他们的能力就会渐渐枯竭，永远无法到达成功的顶峰。如果你不甘平凡，就要抱着"我就要登上顶峰"积极态度来工作、生活，一旦树立了这样的目标，你就会向成功人士学习处理问题和作出决策的方式，最终凭着坚强的信心达到目标。这是一条真理，适用于各行各业。

联邦快递公司的创始人史密斯先生确定"隔天送货服务"的信念，这个信念促使他不断努力，最后使联邦快递扩展成为全世界最大的包裹运输公司。联邦快递公司的成功，关键是严格遵守"隔天早上10点30分货物送到顾客手中"的服务保证。甚至有一次，在载运货物的飞机已经起飞后，服务人员才发现还有一个小包裹没有被装上飞机，史密斯先生最后决定雇用私人飞机将这个小包裹运送到顾客手中。因为对信念的坚守，让联邦快递公司得以将这项独特的服务项目扩大运用到其他领域，包括运送医院需要的血浆或准备移植的器官等。

找到信念并坚守它，就是史密斯先生获得巨大成功的秘诀。如果找到了信念，而并没有去坚守，也能把事情做到差不多，但是难以达到极致和完美。成功的人都有一个最基本的人生态度，那就是永远忠于自己的信念。信念的力量是惊人的，拥有信念就能不畏任何艰难去改变恶劣的现状。

那么，应该怎样找到自己的信念并坚守它呢？

首先，确定一个目标，并为这个目标努力。信念与理想息息相关，只要你有理想有抱负，就不难找到自己的信念。

其次，要相信自己。坚信自己能做到一件事的人，总会找到达到目的的方法。失意者总会说"老实说吧，我本来就认为这事做不成"之类的话，不相信自己，就很难坚守信念，更谈不上成功了。

最后，消除自我怀疑的消极影响。如果你对自己的信念充满疑惑，你将会找出各式各样的理由纵容自己犯错，最终会把你引向错误的道路。绝大多数的失败都是因为疑虑、自卑、潜意识的失败感而造成。

信念不是万能钥匙，但是是你最大的无形资产，如果你以积极的态度使用它，就会看得更高、更远，更有方向感，你的每个想法都会充满力量，推动你去成就大事。

第十章
自省的心态，在独处中认识你自己

就算再忙，也不能少了自省的时间

德国诗人海涅曾说过："反省是一面镜子，它能将我们的错误清清楚楚地照出来，使我们有改正的机会。"自省，能让你以后的工作更加顺利，在不断改进中获得成功，乔布斯制造出被全球人追捧的苹果手机，但是他不断反思自己的创意，精心打造每一个细节，让苹果不断更新，获得霸主地位；自省能让你与家人的关系更加和谐，让你生活更加美好，和家人吵架了，和朋友关系紧张，自省一下才能发现自己的问题，改正自己的缺点，让自己的性格更加完美。

鲁迅在散文《风筝》中写了一件小事。弟弟周建人从小身体虚弱，却很喜欢放风筝，可惜没钱买，只能仰望着别人的风筝惊呼、拍手，这些举止在鲁迅看来是没出息孩子的行为，被他视为可鄙的笑柄。后来，弟弟在后园拾了一根枯枝自己动手做风筝，做到一半的时候，竟然被跟

153

踪而至的鲁迅伸手抓断了蝴蝶风筝的一支翅膀，又将风轮掷在地下，踏扁了，而后傲慢地转身就走，也不顾弟弟是何种感受。那时的鲁迅深受孔孟之道影响，认为放风筝与读书无关，所以不许做不该做。二十年后，鲁迅不经意间懂得了"游戏是儿童最正当的行为，玩具是儿童的天使"的道理，才恍然觉悟到昔日踩扁弟弟的风筝是对弟弟的一种"精神虐杀"。于是他陷入反省，心情也因懊悔而变得十分沉重。

一代文学大师，念念不忘儿时一件小事，深刻反思自己的不当行为，这是一种多么深刻的自省精神。就因为这种自省精神，他才成为一代启蒙精神领袖，现代伟大的思想家。

你也许会说，工作太忙，事情太多，哪有时间自省呢？其实人生最大的敌人是自己，不能及时自省，就难以弥补缺点、纠正过错，不懂得何事可为、何事不可为，生活工作怎么可能更顺利呢？千万要记住，再忙，也要给自己自省的时间。

著名的经济学家凯恩斯一生非常成功，年纪轻轻就已经是百万富翁了。他有一个习惯，就是为自己制订计划，包括每一年的计划和每个月的计划，甚至每一天的计划。凯恩斯严格地执行计划，并且每天都要给自己时间反省，看一看今天有什么收获，有什么地方做得不好。凡是没有做好的地方，必须想办法弥补。同时还要想一想今天的成绩，用它们来鼓励自己继续努力。

才华横溢的凯恩斯，从执行计划到自省都严格要求自己。他肯定也很繁忙，但是能从繁忙之中抽出时间来自省，这也许是他不断进步以致成功的原因。

"见贤思齐焉，见不贤而内自省也。"自我反省、自我调控、自我教育是认识自己的开端。早在两千多年以前，儒家经典中便有"吾日三省吾身"的格言。空闲时给自己充下电，想一想自己脚下的路该怎么走，理清生命的脉络，人生之路会变得更加清晰明了。

　　一位年轻人去看心理医生，抱怨生活无趣、工作无聊，心灵好像已经麻木了。医生问他："你最喜欢哪个地方？"他回答："我最喜欢海边。"医生于是交给他三个处方，建议他到海边去，在每天早上、中午、下午分别打开这三个处方。这位年轻人拿着处方来到了海边，遵照医嘱依次打开处方，分别是"专心倾听""回想""反省"。于是年轻人开始用心倾听波浪声、海鸟叫声，这让他整个人安静下来。他回想起儿时的一幕一幕。最后是反省，他想起生活工作中的每一件事、每一个人，渐渐发现自己很自私，从未确立过明确的目标。他终于找到了自己疲倦、无聊、空虚、压力的原因。

　　年轻人生活陷入困境，经过反省后他意识到这种状况的根源。由此可见，如果你不及时自省、不调整心态，将会失去很多的快乐，也永远无法超越自己。

　　具体你应该怎么做呢？

　　首先，忘记曾经的成绩和辉煌。很多人都沉迷于自己的小成就当中，不愿意去省察自己的缺点，不愿意承认自己的不足，甚至在别人提出建议后也不会接受。这样的人，永远都不会自我反省、调整心态、获得进步。

　　其次，在忙碌中不妨给自己一个自省的空间和时间。工作再忙，也要给自己一点时间，可以是睡前的半个小时，可以是午后几十分钟，找一个安静的处所，来一场自问自答，你一定会有意外的收获！

　　最后，为自己充电，建立坚实的知识基础。眼界狭窄、知识匮乏的人很难学会自省，而且自省只有建立在扎实的认识、理解基础上，才能达到目的。

　　古人云："吾日三省吾身。"自省能让你由当局者变成一个旁观者，站在另外一个立场、角度来观察自己，会让你对自己的认识更为深入。

所以，不要再等了，调整一下心态，给自己一点时间，好好认识自己，实现自己的人生价值。

不忘其所始，不求其所终

庄子曰："不忘其所始，不求其所终。"意思就是说不忘记事情的本源，也不去追求它的结果，事情来了欣然接受，忘掉荣辱得失顺其自然。这样的人生境界强调了对现有的生命欣然接受，不刻意追求，回归本真。

淡泊明志，宁静致远，很多人都明白这样的道理，但是往往做不到。在孜孜追求中忘记了做这件事的本来目的，一直去追求自己求之不得的结果。这样的人生还能快乐吗？

两千多年前的一天，在古希腊的叙拉古城，一个罗马士兵闯入了数学家阿基米德的屋子，阿基米德正在地上专心致志地画着几何图形。士兵的脚踩在了图上，拔剑对准阿基米德，阿基米德没有表露出任何慌张，似乎没有意识到自己的危险处境，他非常平静地说："你们弄乱了我的图！"士兵勃然大怒，用剑刺向了他。七十五岁的阿基米德走完了自己的一生，他去世前的这一幕被世人铭记。

像阿基米德这样的数学家，即使临终前仍执着研究自己喜爱的数学，对于他来说，不必计较获得怎样的结果，尊重自己的内心就行了。就是这样"不求其所终"，他为人类作出了巨大的贡献，至今他的故事仍广为流传。

在成长的道路上，要不断地问自己这样一个问题——我这样做为了什么？我迷失我的本心了吗？检视自己的行为是否偏离了轨道，是否过于追求结果而忽略了过程。只有这样，你才能拥有正确的心态，寻找到快乐的根源。

一个富翁到海滨度假，遇到一个悠闲垂钓的渔夫。富翁对渔夫说："你也完全可以成为富翁，尽情享受生活。"接着富翁建议渔夫借钱买条船，出海打鱼，赚了钱雇几个帮手增加产量，之后买条大船，打更多的鱼，赚更多的钱。再之后呢？再买几条船，搞一个捕捞公司，再投资一家水产品加工厂。然后把公司上市，用圈来的钱再去投资房地产，如此一来，渔夫就能成为亿万富翁了。渔夫问："成为亿万富翁之后呢？"富翁说："成为亿万富翁，你就可以像我一样到海滨度假，晒晒太阳，钓钓鱼，享受生活了。"渔夫似有所悟，然后说："那不正是我现在的生活吗？"富翁一下子愣住了。

悠闲地在海边钓鱼，也许是富翁一直想要的生活，但是在赚钱、赚钱、再赚钱的过程中，富翁渐渐迷失了人生的方向，已经不知道自己想要什么了。而渔夫的话给了他一定的启发，让他有机会反思一下自己的人生态度，反思一下自己的人生是否错过什么。

朝着"不忘其所始，不求其所终"的人生境界努力，你也许还有很多欠缺，不妨从现在做起。

首先，经常想一想自己是不是失去本来的真心。你树立目标时，都有最真实的愿望，比如拥有稳定的工作、幸福的家庭就足够了，但是在追求的过程中，经历了艰难困苦、潦倒失意，渐渐丢掉了自己原本的目标，忘记了本心。经常停下来，问一问自己是不是还是原来的自己。

其次，对过程中的一切坦然接受。不管是痛苦还是欢乐，在人生特定阶段才能体会到的东西，请坦然接受，因为很有可能以后你永远都不会再有那种感觉。

最后，褪去成长中的浮躁。在追求目标的过程中，你可能常常忽略或无视过程的重要性和必要性，幻想凡事都可以一蹴而就。但现实会告诉你，那样是不可能的，你要学会击破虚幻的梦想，脚踏实地，一步一个脚印走下去。

思考的心态，能让你不忘事情的初始，不过分追求结果，让你重视过程，并在过程中获得成长，渐渐学会心平气和，事情会朝着让你惊喜的方向发展。

慢下脚步，欣赏沿途美丽的风景

在阿尔卑斯山谷，有一条风景极佳的大路，路旁立着一个石碑提醒游人："慢慢走，请欣赏！"这一句含义深刻的话能给很多人启发。在阿尔卑斯山谷中乘汽车匆忙疾弛而过，很可能会错过了一路的风景。这是一件多么可惜的事情！

其实，在现实生活中，很多人都重复做着令人惋惜的事情——每天奔波在上班的路上、下班的路上、吃午饭的路上、约会赴宴的路上；每天都疲惫地走进家门，来不及思考就倒头大睡；每天都争着向前赶，骑车的拼命前蹬，开车的喇叭不停……

人往往太爱关注一些不重要的东西，从而忘了生命的本质意义。于是大多数人都得了轻度的强迫症，更多的时候像被蒙了眼睛转圈的驴子，陷入一个无法解脱的怪圈，生活得无比辛苦却没有享受到快乐。原因何在？那是因为人们把结果看得太重，忽略了过程。

有这样一个寓言故事。一个有缺口的圆为了找回完整的自己，便到处去寻找自己身上的碎片。由于它是有缺口的，所以滚动得非常慢，早晨沐浴阳光，晚上与清风为伴，甚至有机会与路边的鲜花握手、与树上的小虫低语。终于有一天，它找回了丢失的那一块碎片，兴奋地快速滚动起来，越滚越快，它错过了花开的时节，忽略了虫子的身影，甚至忘记了曾经看到的美丽风景。最后，这个圆越滚越快，越过栅栏掉进了路边的水沟里。

当慢下来时，圆享受到生活的美好，当快起来时，圆错过了最美丽的风景，更因为没有慢下脚步而掉进水沟。这和我们的人生多么类似。

其实，人生最重要的是过程，不管你是否成功，都应该慢慢走，欣赏沿途的风景。

古印第安人有一句谚语——"别走得太快，等一等灵魂。"印第安人认为人的肉身和灵魂行进的速度有时是不一样的，肉身走太快了，会把灵魂丢了。于是，他们如果连续三天都在赶路，会在第四天停下来休息一天，以免灵魂赶不上匆匆的脚步。

这个看似荒诞的信仰，其实蕴含着丰富的哲理。不慢下脚步，就会错过最美的风景，就有可能丢掉自己的灵魂，忘记自己是谁。

一位职业培训师为一家公司员工做培训，在一项测试中，显示大部分员工存在压力和情绪管理方面的问题。培训师问大家："你们注意过公司前面的大路吗？银杏叶子都黄了。"员工们都很茫然，因为他们脚步匆匆，从来没有注意过路边的树木。于是培训师带着大家走出大厦，开始步行。他们边走边欣赏路边的风景，看到老年人在不远处的街心公园漫步，看到孩子们在嬉戏……似乎整个世界都同他们的脚步一起慢了下来，所有人都感觉到内心一下子宁静放松很多。培训师在最后说："压力过大时，可以做一些你觉得浪费时间又没有意义的事情，欣赏一下世界，可能会有意外的收获。"

现代人的压力很多都来自追求过高过快的目标，培训师深谙这个道理，所以带着员工们步行一段路程，体会一下慢下来以后的生活。这个方法对于压力过大的你来说，一样奏效。

在现代社会，人们认同致富要快、成名要早的观念，生活正向着"快"发展，你也许在"快"的生活中感到迷茫与彷徨，等有一天回顾过往时，才发觉付出的代价太多太多——忽视了健康，冷漠了亲情，忘却了友谊……

你应该调节一下心态，换一种活法了。

首先，选择一种慢生活。慢不是懒，慢是让自己能够停下来，反思一下自己走过的路，充实一下越来越空的大脑，亲近大自然，陪伴家人。只有慢下来，你才能真正让思绪没有任何羁绊，让自己不迷失方向。

其次，重视过程，享受过程。学会回过头来看，你就会发现过程原来更美丽，不要因为太注重远方的目标，而忽视了行走的乐趣。

最后，在疲惫劳累的时候不妨休息一下。工作之余，不妨停下来喘喘气，让疲惫不堪的身体得以休息，你可以一个人静静地待在房间里，也可以听听音乐、看看小说，忙里偷闲，苦中取乐。人生的风景也如同春夏秋冬，景致各有不同，停下脚步欣赏，你会有意想不到的收获。

慢慢走，别忘了看人生旅途中的风景，因为人生美就美在过程。不要再急着向前冲了，调节一下心态，睁开眼睛，敞开心灵。人生苦短，莫因匆匆的脚步错过了最美丽的风景。

凡事顺其自然，不必刻意强求

禅院的草一片枯黄，小和尚要师父买一些草籽撒上。中秋的时候，

160

师父把草籽买回来，交给小和尚。起风了，小和尚一边撒草籽一边飘，"师父，许多草籽都被吹走了！"师父说："没关系，吹走的多半是空的，撒下去也发不了芽。"草籽撒上了，许多麻雀飞来，在地上挑饱满的草籽吃。小和尚惊慌地说："不好，草籽都被小鸟吃了。"师父说："没关系，草籽多，小鸟是吃不完的。"夜里下起了大雨，小和尚一直不能入睡，担心草籽被冲走。第二天早上，他早早跑出了禅房，发现地上的草籽都不见了，他跑进师父的禅房说："师父，昨晚一场大雨把地上的草籽都冲走了。"师父不慌不忙地说："不用着急，草籽被冲到哪里就在哪里发芽。随缘！"不久，许多青翠的草苗果然破土而出，原来没有撒到的一些角落里居然也长出了许多青翠的小苗。

师父懂得人生乐趣，凡事顺其自然，不刻意强求，反倒能有另一番收获。

诗人惠特曼这样说："让我们学着像树木一样顺其自然，面对黑夜、风暴、饥饿、意外等挫折。"这不是逆来顺受，也不是不思进取，而是一种积极的人生态度。不管是自然界，还是人类社会，都有其固定的规律，凡事不可强求，顺其自然即可。

也许你有这样的感受，在生活中，越想迫切地得到什么越是得不到，越是非达到什么目标不可越是难以实现愿望……事与愿违，是生活的常态。当追求很久而难以得到时，如果没有正确的心态，就会觉得自己很失败，恨自己没用，感到焦虑、索然和忙乱，"现实的无奈"轻而易举就能将你打垮。

白灵30岁了，是一名医生，因为性格内向一直没有谈恋爱，等到身边的人都结婚了，她还是单的。于是她不断确定目标——年底把自己嫁出去、明年情人节找到男朋友等等。为了实现自己的目标，她业余时间都用来相亲，参加各种相亲Party、自驾交友等活动。白灵从小到大从来没有遭受过"被选择"的恐惧，在相亲过程中，总担心没有人选自己，相亲前焦虑，相亲后失落……渐渐地她几乎患上了相亲恐惧症，患得患失，常常被自己的想象力吓倒。

作为大龄女青年，白灵恨嫁的心情很容易理解，但是感情的事情不能强求，一切都看缘分，为自己制定什么时候嫁出去的目标，不仅增加了自己的压力，也让自己陷入相亲的误区，这是不可取的。

人生在世，很多事情难以把握，做到尽力即可。不刻意强求，反而能获得自己想要的结果。

从前，有一群年轻人到处寻找快乐，却遇到许多烦恼忧愁和痛苦，他们心灰意冷，找到了苏格拉底，问："我们在寻找快乐，却遇到了痛苦，快乐到底在哪里？"苏格拉底说："你们先帮我造一条船。"年轻人不明白什么意思，但还是答应了。他们分好工，找来了造船工具，锯倒了一棵大树，造出了一条独木船。当他们看到自己的劳动成果时，一下子变得非常高兴。第二天，他们把独木船抬到江边，并请来了苏格拉底，大家一起上船，合力荡桨，并齐声唱起歌来。这时，苏格拉底问他们："孩子们，你们快乐吗？"年轻人不假思索地回答："快乐极了！"苏格拉底笑着说："那你们找到了自己想要的答案。"这群年轻人恍然大悟。

刻意寻找快乐反而不知快乐在哪里，当认真地去做一件事并享受成功时，快乐就悄然而至。苏格拉底用这样方式告诉年轻人，凡事不必刻意追求，顺其自然就能找到自己想要的答案。

那么怎样做到顺其自然呢？

首先，保持平和的心态。孩子进不了重点高中，进次重点也不错；职称没有评上，等下次就好了；做生意赔钱了，就当给自己交了学费……在生活中保持平和的心态，就不会过于强求什么。

其次，不去计较太多。利来利往，人总是有得有失，凡事不必计较太多，活得就会更加轻松。

最后，当遭遇瓶颈时换一种做事方式。用这一种很难突破困境，那你就不妨换一种方式。事情的发展都遵循某种规律，没有抓住规律，盲目坚持，只能无谓地浪费时间和精力。换一种方式，不再刻意强求，反而能达到你的目标。

这个世界是客观的，春来夏往，万物万事皆有其规律，即使你强求也难以改变什么，船到桥头自然直，不用纠结了，转变一下心态，面对生活中的一切都抱着一种释怀的态度，这样的人生才会更加从容，更加成功。

静下心来做一件事，才能得到收获

你是不是经常有这样的感受——一翻日历，突然意识到快要过年了，而觉得自己在这一年中什么都没做成，只能感慨时间过得太快；制定了计划，却在忙忙碌碌中忘记了自己的计划；经常思考自己怎样才能升职加薪，偷偷向别的公司投简历，手头的工作却没有做完……

刘琴今年35岁了，在一家外企做行政部副经理，最近本来自信的她变得焦虑不安。她在这家公司已做了5年，从最初的一般职员熬到现在的位置，她付出了很多。但是，外企竞争激烈，每年公司都会进很多年轻同事，她觉得与新人年龄差距越来越明显，心里越来越不安，工作的时候常常走神。她经常想："与年轻人相比，我已经没有什么竞争优势。如果再得不到升迁，该怎么办？"越这样想她越难以静下来做事情，工作也做得很不到位。

刘琴的焦虑可以称作年龄恐慌，她越是担忧越难以静下心来，做事情自然效率就低，如果不能调整自己的心态，让这种情况持续一段时间，她担心的事情就会发生——彻底失去竞争力。

假如你真的处于这样的状态，那证明你难以静下心来做一件事，你一直忙忙碌碌，却难以做出成绩，工作和生活也变得一团糟。你也许着急、焦虑、忙乱，但是这些都没有用，不能静下心来，就无法改变困局。

几个矿工正在煤矿的坑道里工作，突然矿灯出现故障熄灭了，他们顿时惊慌失措，开始互相询问，并且胡乱地寻找出路。一阵混乱过后，他们竟然迷失了方向，走得精疲力竭，只好坐下来休息。大家意识到死亡正在悄悄降临，有的人愣在那里，有的人根本坐不住，烦躁地走来走去，还有的人议论纷纷。这时，一个平时处事冷静的老矿工说："大家不要盲目乱找了，不如坐在这里，看看是否能感觉到风的流动，风一定是从坑口吹来的。"大家听了他的话，似乎看到了希望，都慢慢安静下来。等大家都静下来时，逐渐感觉到阵阵微弱的风吹过来，顺着风的来处，他们终于找到了出路。

假如矿工们一直处于慌乱之中，就很难感受到风吹的方向，也很难找到安全出口，几个矿工就处于十分危险的境地。其实，想做成一件事很简单，失去方向时不如保持静默，拭去心灵的浮躁，解决问题的方法就会浮现出来。

一件事，无论大小，只要静下心来，都能有所收获。

一个木匠在工作的时候，不小心把手表掉在满是木屑的地上，他一面大声抱怨自己倒霉，一面烦躁地拨动地上的木屑，但是怎么找也找不到他那只手表。后来家人提着灯，帮他一起找，可是找了半天，仍然一

别败在不会调节心态上

164

无所获。木匠沮丧地放弃了，但是一会儿他的儿子把手表交给了他。木匠又高兴又惊奇地问儿子："你是怎么找到的?"这个孩子回答说："我只是静静地坐在地上，一会儿我就听到'滴答滴答'的声音，就知道手表在哪里了。"

多么简单的道理，即使是小孩子，明白了这个道理，也能达成目标。有的时候心烦意乱是不能解决任何问题的，静下心来，也许一切便迎刃而解，你也必将会有收获。

在职场，很多年轻人跳槽的频率很高，换工作似乎就像换衣服一样简单。不喜欢，太累，太乏味，薪水太低，都有可能成为他们不好好工作的理由，不能静下心来做任何事，缺乏专业技能，在不同单位间跳来跳去。这样下去，他们在职场一无所获，甚至有一天会被彻底淘汰。

怎样才能让自己静下心来，你不妨试着这样做。

首先，给自己思考的机会。多给自己思考的机会，你就不再轻信道听途说，不再人云亦云，在摸索中学习，踏踏实实学好一门技能、钻研一项业务；另外，思考还可以给自己一个比较清晰的定位，全面了解了自己，然后静下心来做一件事。

其次，找到让自己心烦的原因。也许是为曾经的事懊悔，也许是对未来不确定，不管是什么使你心烦，你都要认识到人生的曲折、迂回是一种体验，也会成为人生资本。不要害怕失败，也不要对曾经做过的后悔。明天掌握在今天手里，你需要做的就是静下心来做这件事。

最后，用一些小训练让自己静下心来。读书、绣十字绣、做菜、瑜伽，很多事情都能训练心静，不妨选择适合你的事情做一做，让烦乱的心静下来，然后再去做事，肯定事半功倍。

不要再焦虑、沮丧了，做成一件事并有所收获很简单，只要你转变一下心态，让自己静下心来。成功就在眼前，不要放弃，尝试一下吧!

第十一章
乐观的心态，开启强大心灵的钥匙

不要预支生活中的不幸

恋爱了，总是在想着会不会失去，会不会受伤害，不相信会一直幸福下去；要进入一段婚姻了，总是担心另一半会不会出轨，将来会不会一拍两散；考试得了第一，得到赞美和羡慕的时候，自己说这只是运气好，不知道下次还能不能拿第一；开始做一个新项目，满脑子想的都是失败了怎么办，是不是丢了面子……

这是很多人的心理，期待快乐，憧憬幸福，却恐惧未来的不幸，自编自演地一次次在提前感受和温习不幸。这其实是错误的。

荷兰首都阿姆斯特丹有一座 15 世纪的教堂废墟，上面有一句哲言——"事情是这样的，就不会是那样。"不幸的事情已经发生，你再怎么痛苦都得接受；不幸的事情还没有发生，你想再多也没用。人生在世，不要为还未发生的事情担忧，不要预支生活中的不幸。

有一则寓言故事，讲的是动物王国要进行"谁感到生活最幸福"的问卷调查，一头即将被屠杀的猪在所有的提问上都打上了满意的红勾。所有的动物都对此议论纷纷，觉得难以相信。动物王国的记者采访那头对生活的满意度最高的猪，说出心中的疑惑，猪回答说："我一生下来，就不会被要求去学习什么捕食技巧，可以自由地运动、睡觉。我也不会像牛、羊一样有无法逃避的义务。当我日益肥壮面临被杀的危险时，我没觉得多么不幸，哪一个动物不会死？如果我享受了你们无法享受的快乐，又怎么不幸福呢？"所有的动物看到报道，都停止了嘲笑，开始反省起自己的生活。

这头猪之所以幸福，因为它懂得不去推测、预支明天的不幸，安然地享受真实的每一天，即使知道自己即将死亡，也能将死亡视为必然。

其实，寓言中的这头猪可以做到的，很多聪明的人反而做不到。不懂得珍惜当下，不懂得感恩幸福，为未来的不幸担忧、焦虑、抱怨，本来拥有和睦的家庭、健康的身体、稳定的工作，却为遥不可及并不一定发生的事情左右自己的情绪，这样的人生还有什么未来可言。

杰出的企业家艾科卡曾经营管理美国福特和克莱斯勒两大汽车公司，以卓越的管理才能将美国第三大汽车公司克莱斯勒从崩解的边缘挽救回来。当别人问他为什么会获得成功，他常常提到父亲对自己的影响。艾科卡的父亲是一个典型的乐天派，无论遇到什么事情，总会保持"先别急，等一等""没关系，这只是暂时的"的冷静态度。在这种乐观态度的影响下，艾科卡总是告诫自己：此刻看起来虽然困难，但是困难终究会过去的！今天的事情即使今天暂时不能解决，也不代表明天、后天、大后天永远不能解决。

这位杰出的企业家明白这样一个道理：提前把焦虑情绪带进生活，除了扰乱自己的思绪外毫无用处。用不着在今天担心明天的事情，那样只会让你担心的事情发生，这就是悲观心态产生的负能量。

你的悲观来自方方面面，公司业绩不好，失业率升高，物价上涨……目前生活尚可支撑，以后也许会更糟。如果你这样想，生活岂不是陷入无限的痛苦。从现在开始，开启强大的心理模式，让自己真正乐观起来。

你可以试着这样做：

首先，珍惜当下。现实有时难以改变，也无法抗拒，当下也有太多的不顺利，假如你只会一味地沉浸于眼前的种种不快，那么即使有机会造访，也会被你忽略。懂得珍惜当下，就能努力把握每一天，也不会轻易被自己想象的困境吓倒。

其次，保持乐观的心态，激发奋发精神。保持乐观的心态，再加上自信成熟的心智，你就一定能激发起奋发的精神，等不幸确实来临时你也会临危不乱，把损失降到最低。

最后，调整心态，珍惜每一天的时光。心态不正确时，任何人的帮助和安慰都是无效的，需要自己想通，调节心态，并珍惜每一天的时光。笑是过一天，哭也是过一天，明天的痛苦还没有真正发生，就不要皱起眉头。

人生在世，总免不了要遭遇困难和不幸，但是当不幸尚未降临时，不要过度担忧，让明天的生活影响今天。你应该做的就是用乐观的情绪笑对一切，期待未来一路顺风，即使不幸降临，你也能勇敢战胜它。

黑夜再长，天也会亮

生命无常，每个人都可能遇到这样那样的苦难，人生进入低谷和黑夜。面对这样的漫长黑夜，很多人失去希望，失去动力，意志力被一点点蚕食了；有的人不服输，不放弃，最终战胜困境，走出低谷……这取决于你的心态，就看你要做哪一种人了。

《鲁滨逊漂流记》讲述鲁滨逊与同伴们一起出航去南美洲探险时，遇上狂风暴雨，他只身一人被冲上了无人小岛，一个人在这座荒无人烟的孤岛上生活了二十多年。他克服了没有住处、没有衣服、没有食物的困境，打猎、种粮食，用智慧战胜野人，他在困难面前，保持乐观态度，能战胜自我、挑战自我、超越自我，终于战胜了孤独、饥饿和重重危险。最后重返文明社会。

鲁滨逊之所以能在荒岛坚守二十年，全依靠他自己遭遇到困难与不幸时保持乐观的态度。想想自己眼前的困境，会有二十年之久吗？他成功了，你也能。其实，黑夜再长，也终究会过去，只要具有超强的意志，愿意奋斗，愿意坚持，就一定能看到黎明。

有一位穷困潦倒的年轻人，他的理想是做演员、拍电影。当时，好莱坞有 500 家电影公司，他根据路线带着自己写好的剧本一一拜访，但所有的电影公司没有一家愿意聘用他。当时他身上的钱加起来也买不到一件像样的衣服，居无定所，生活过的异常艰难。但是他没有灰心，又重新从第一家开始第二轮拜访，仍遭到了 500 次的拒绝。第三轮的拜访也是以失败而告终。就在他第四轮的拜访中，第 350 家电影公司答应留下剧本先看一看。几天后，这家公司决定投资开拍这部电影，并请这位年轻人担任男主角。这部电影就是《洛奇》，这位年轻人就是好莱坞巨星史泰龙。

如果史泰龙遭遇到一次又一次的打击后，不能坚持，不能等待，就此放弃，那他等不来属于自己的黎明，电影史上也会少这样一位巨星。

你现在的处境也许比史泰龙更艰难，你的黑夜也许比史泰龙更长，但是你要相信，黑夜再长天也会亮。现在你只需要坚定信心，耐心等待，静心体悟，苦难的一切还会带给你一笔财富。

有一个年仅21岁的小画家，怀揣仅有的40美元，从家乡来到堪萨斯城。他经历了多次的失败，几乎一无所有。因无钱交房租，只好借用一家废弃的车库作为画室，每天夜里都会听到老鼠的叫声，有一天，老鼠还爬上他的书桌。后来，他与这只小老鼠朝夕相处。不久，他离开了堪萨斯城，为好莱坞制作一部卡通片，但是他设计的卡通形象一一被否决了。他穷得身无分文，在无数个不眠之夜苦苦思索，甚至怀疑起自己的天赋。突然，他想起了那只小老鼠，就画那只可爱的小老鼠！全世界儿童所喜爱的卡通形象——米老鼠就这样诞生了。他就是大名鼎鼎的沃尔特·迪斯尼。

住车库，与老鼠为伴，作品被否决，身无分文，这样的状态应该是沃尔特·迪斯尼生命中最黑暗的时刻，但是在这样的黑夜，他从来没有放弃，甚至从苦难的经历中挖掘出人生的第一桶金。

马云说："很多人在困难面前没有坚持到最后，今天难，明天更困难，后天才会美好，很多人都死在明天晚上。"过去的你已经无法改变，而未来你还不清楚，在今天不要害怕、不要畏惧，改变自己的心态，迎接最美好的黎明。

当人生处于黑夜时，你可以试着这样做：

首先，不服输。当你有一种愈挫愈勇的意志，内心就会升腾起一股勇气，在困境中就能选择踏实奋斗。既然黑夜已经无法避免，你就应该正视现实，不逃避，不低头。成功永远属于那些意志坚强、永不言败的强者。

其次，学会等待。夜那么长，目标那么遥远，生活那么困顿……这些看起来都让你的生活那么艰难，这时你不必做什么，抱怨也没有用，给自己乐观的理由，耐心等待事情的转机，也许事情真的不像你想象的那么糟糕。

最后，不放弃。放弃了，就永远看不到黎明了，白白在黑暗中承受了痛苦。所以，你要做的就是不放弃，咬紧牙关，坚持一下，自然会看到天一点点亮了。

生命就是一连串的战斗，每一次黑夜，每一个低谷，对你都是一种考验。只要坚信天终究会亮，苦难终究会过去，你就能充满力量，乐观地面对挫折，在苦难中反复地磨练自己，让自己变得更加强大乐观。

咬紧牙关，再给自己一次机会

在美国的华盛顿山上有一块岩石，岩石上立了一个标牌，告诉登山者那里曾经是一个女登山者躺下死去的地方。她当时正在寻觅的庇护所距她仅一百步而已，如果她能再坚持一会儿，她就能活下来了。在最紧要的时刻，人需要咬紧牙关，再给自己一次机会。因为胜利者往往是能比别人多坚持一分钟的人。

在你人生的低谷，你觉得自己到极限了，再也难以坚持的时候，要想一想下面这个小故事。

两只青蛙迷了路误入沙漠，它们努力地寻找逃离沙漠的出路。但是走了很久，前面仍是一片黄沙。两只青蛙又饿又渴，无法再前进了。最后，它们倒在一块石头前。一只青蛙看到眼前没有出路了，心里也完全放弃了生存的希望，慢慢失去力气，然后就倒下了。另一只青蛙咬紧牙关，用尽最后的力气将大石头搬开，继续前进。结果当它移开石头时，发现石下有一股水涌出，最终重获生命。

当遭遇困难和失败时，一只青蛙轻易就放弃了，另一只青蛙鼓足勇气，坚定信念，朝着目标不懈努力，最后意外找到了水源，成功拯救了自己。就差一步，两个青蛙命运却完全不同。

高中生鲍勃在参加哈佛大学的招生考试时，列入考试的五门功课中，竟然有三门不及格。鲍勃感到非常自卑，常常将自己关在房间里，唉声叹气。这年夏天，接连下了一个多月的暴雨，爆发了山洪，鲍勃外出时不幸被滚滚的山洪卷进了河流。生命危在旦夕之际，他心下暗想，这回算是完了。就在他万念俱灰的时候，他突然想起去年夏天在这条河中漂流探险时，曾在这条河的下游遇到过一棵粗壮的老树。老树有一个粗大的枝桠，正好斜长着横贴在水面上。只要能够抓住这根树枝，也许能够保住自己的生命。一想到这里，他的心中立刻充满了希望，浑身上下顿时力气倍增。他坚持着、挣扎着，终于游到了那棵老树跟前，紧紧抱住伸向河面的树杈，不久就被河边经过的抢险队员搭救上岸。经历了这件事以后，鲍勃认识到只要有希望，再大的困难和挫折都能够战胜。于是他重新回到学校，走进了课堂，并最终以优异的成绩考入了哈佛大学。

经历一次生死考验，鲍勃明白了再给自己一次机会的重要性，他鼓起勇气，重新报考哈佛大学，最终实现自己的理想。由此可见，再给自己一次机会，再坚持一步，成功就会意外出现在我们的面前。

千里之堤毁于蚁穴，最后一步放弃了，可能是全面的溃败。如果你一直觉得自己人生不顺，什么事情都难以做成，那你可能最缺乏的是"再坚持一下"的品质，从而与成功擦肩而过。再坚持一下，再给自己

别败在不会调节心态上

一次机会，成功就离自己更近了一步。

　　小张是一名广告业务员，刚刚分配到一个新区，开始拜访新客户。他被一个客户拒绝了无数次，但是每天早晨，只要拒绝买他的广告的那个客户的商店一开门，他就进去请这个商人做广告，这位商人面无表情地说："不！"这个商人说了六十天"不"，小张还是告诉自己："下次，下次还有机会。"这一天，商人突然有了兴趣与他交谈几句："你已经在我这里浪费了两个月的时间，我想知道是什么让你坚持这样做？"小张说："我从你这里学习如何在逆境中坚持，事实上我们都在坚持。"那位商人点点头，对小张说："其实我也一直在学习你，你的坚持让我明白很多，坐下来谈谈你的广告吧……"就这样，小张签了第一个单子，成功地打开了局面。

　　小张成功在于他有坚持不懈的品质，在关键时刻能"再坚持一下"，给自己一次机会，也给了别人一次机会。

　　在生活和工作中，你可以这样做：

　　首先，不要低估自己的忍耐力和意志力。当事情陷入绝境时，不退缩，不找借口，尽力去超越原来的自己，你的力量其实超乎你的想象。

　　其次，把最后一点力量发挥出来。不要给自己负面的暗示"我已经到极限了，我完全撑不住了"，其实一个人即使精力耗尽，仍然有一点点能量残留着，能用好那一点点能量的人就是最后的成功者。

　　最后，不断为自己设置容易达到的目标，直至成功。如果你感觉曾经的目标太过遥远，你难以企及，不如就从眼前做起，一点点靠近自己的目标，离成功越来越近的时候咬紧牙关，最后终究会取得成功。

　　"古之成大事者，不惟有超世之才，亦必有坚忍不拔之志气。"要想成功，你需要调整自己的心态，咬紧牙关不放弃，再坚持走一步就能看到开阔的风景，何乐而不为呢？

谁说疼痛不是一份好礼物

你知道珍珠是怎么产生的吗？沙粒落入到珍珠蚌的贝壳里，不断地摩擦它的身体，为了减轻疼痛，珍珠蚌不断的分泌出珍珠质，把沙粒包裹起来，一年又一年过去了，沙粒逐渐形成一颗璀璨的珍珠。对于珍珠蚌来说，没有疼痛就没有璀璨的光芒，疼痛是一份珍贵的礼物。

英国男孩保罗生来就不知疼痛，整天喜笑颜开。保罗曾经被烧伤、烫伤、撞伤，甚至手臂折断。他甚至迷上了一项游戏，把头往墙上或家具上撞。由于他不觉得痛，每次撞完后就开心地大笑，一直撞到两眼发黑才罢休。这个不知疼痛的男孩甚至还把手放在灼热的熨斗上，看着自己的手掌烧得冒烟，觉得极为有趣。保罗的父母对此非常头痛，因为不懂疼痛，保罗时时处于危险当中。

其实，身体的疼痛也是上天的礼物，它能让人意识到危险的来临，有意识去躲避并不再重复，以保持身体的健康。同样，心理上的疼痛能让你反思曾经的生活，改正所犯的错误，并使心灵收获财富。

一位制造乐器的匠人曾说过，他制作乐器选择木材，从不选择那些光光溜溜一帆风顺成长出来的树，因为太顺利，材质不够紧密。为了制造更完美的乐器，他总是跋山涉水，专门找寻那些被火烧过、雷击过、虫蛀过的木材，因为遭受外力摧残过的树，长得异常艰辛，材质也变得更加紧密结实。这样的木材做成的乐器，常常能发出非比寻常的声音，达到意想不到的效果。

一棵树经历了种种苦痛后，就能长得更加紧密结实，也许能成为制造乐器的最好的材料，这说明什么呢？疼痛对于自然万物来说，都是一份珍贵的礼物。

其实，对人类来说，疼痛也是一笔财富。疼痛的经历可以磨练你的意志；可以让你心平气和下来；可以让你静下心仔细分析所处的困境，顺利度过难关；可以让你看清周围的人，看清鲜花丛中的荆棘……经历了人生的疼痛，你会变得头脑清醒，继续勇往直前，勇敢面对生活中的种种不幸。

著名作家史铁生在 20 岁那年，因一场车祸而失去双腿，这对于他来说，是非常沉重的打击，这个曾经血气方刚、四肢健全的年轻人，对人生失去信心，甚至产生了轻生念头。后来他最终接受了现实，战胜了人生中的这一重大苦难，化疼痛为力量，了悟生命的真谛，把精力投入创作，写出了《务虚笔记》《我与地坛》等享誉国内外文坛的作品。

没有这样的人生打击，没有经历过身体残缺的疼痛，也许史铁生难以对人生有如此深刻的认识，也难以成为家喻户晓的大作家。

谁都不喜欢疼痛，也不希望自己的人生频繁地遭遇苦难。但是当苦难来临，你必须经历失恋的打击、失去亲人的打击、破产的打击时，千万不要丢掉乐观的心态。你应该想想，疼痛也许是上天的礼物，让你知道何为快乐，让你变得更加坚强，让你更透彻地了解生活的真谛。

当遭遇苦难，疼痛来临时，你应该怎么做呢？

首先，坦然接受疼痛。人生有成功，也有失败；充满幸福，但也遍布苦难。没有一个人的人生是极度完美的，当上天不经意间给你开个玩笑时，坦然接受。

其次，不灰心，不抱怨。假如你真的遭遇逆境，不必过于灰心、失望，因为抱怨什么也解决不了，咬咬牙，坚持住，跨过去，疼痛过后，你的生命将是一片艳阳天。

最后，从疼痛中奋起。高尔基说"苦难是一所最好的大学"，就说明疼痛与苦难可以让你学到更多的东西，可以让你迅速成长，你要做的就是从中奋起。

人生旅途，幸福与苦难相依相伴，谁也逃脱不了疼痛，只要你能好好把握，化疼痛为力量，同样可以活得精彩！

命运和人生是由自己书写的

当看到别人成功时，你是不是抱怨自己命运不佳；当看到别人一掷千金时，你是不是抱怨自己不是富二代；当看到别人考取了名牌大学，你是不是怪自己天生智力太差……人生中的不顺，你都归结于无法改变的命运，被动接受命运的各种安排，结果就会禁锢自己的发展。

一名成功的企业家曾经说过："一切皆有可能，由你自己决定。"所以，你亟需调节自己的心态，把命运抓在自己手上。

格力掌门人董明珠早年的人生经历十分坎坷。她结婚生子，过着大多数人过的生活，如果没有意外，她的命运就注定了。但是儿子两岁时，她的家庭生活出现了意外，丈夫因病去世，家庭行将倾覆。在这种困境下，她对生活依然充满着憧憬和希望，想出去闯一闯。后来，36岁的她毅然辞掉南京的工作，南下广东打工，后来又到珠海，应聘到格力电器，成了一名基层业务员。她一开始不知营销为何物，但是凭借坚毅连续40天追讨前任留下的42万元债款，成为营销界茶余饭后的经典故事。后来，董明珠一步步走到了格力集团董事长的位置，叱咤商海，彻底改变了自己的命运。

成功者面对命运的安排时，总是能不屈服、不认命。董明珠遭遇了家庭变故后，奋起改变自己的生活状态，经过不懈的努力，终于成为成功的女企业家。

音乐家贝多芬从小对创作充满了热情，但是不幸患上耳疾，当他确信自己的耳疾无法医治时，他曾经陷入苦痛和绝望，听力对于一个音乐家来说是多么重要。但是，他对艺术的爱和对生活的爱战胜了他的绝望，苦难变成了他的创作力量的源泉。在这一时期，他开始创作他的乐观主义的《英雄交响曲》。《英雄交响曲》标志着贝多芬的精神的转机，同时也标志着他创作的"英雄年代"的开始。

命运与贝多芬开了一个大大的玩笑——音乐天才失聪了，他还能创作吗？贝多芬没有屈服于上天的安排，用力扼住命运的咽喉，书写了自己人生的辉煌篇章。

一项调查显示，大部分成功人士生来就有"强烈的内在控制倾向"，他们相信自己能够控制自己的命运；对他们来说，每次挫折让他们离自己的目标更近一步。但是还有一类人认为命运取决于别人，而不是他们自己。想主宰自己的命运，还是想做随波逐流的过客？一切都在于你的选择。

小肖热爱艺术，做过歌手，摆过小摊，在别人看起来不务正业，有人劝他找个稳定的工作，搞艺术没有出路。但是小肖并没有放弃，他揣着400元钱到北京闯荡，找了一份电焊工的工作养活自己，每天下班之后去书店，翻阅各种设计类图书。后来，他发现装置艺术和抽象艺术与自己每天做的焊接工作很相似，如果一些零件摆在面前，不按既定的工艺焊接，按照自己的想法自由组合，一件前卫的作品就产生了。后来，他用500元钱和一个月的时间，完成80件作品，并且非常成功地举办了一次小型个人作品展。

假如小肖过于在意别人的话，而放弃自己的理想，那么他的命运就真的被别人掌握了，也难以取得后面的成功了。

相信你也不想被人主宰命运，要书写自己的人生，那下面的一些小方法可以借鉴。

其一：每天提醒自己是命运的主人。你可以对着镜子问自己几个问题，是不是对工作竭尽全力了？是不是努力争取了？是不是制定了下一步的计划？

其二：保持乐观的心态。当事情没有朝着你希望的方向发展时，你容易相信是命运的安排，这时你要尽量多休息，逐渐摆脱负面的情绪，用乐观的心态迎接挑战。

其三：相信一切皆有可能。不要认为你出生的家庭、接受的教育、卑微的出身背景，决定你最终在社会生活中的地位，其实只要你坚持你的事业，你会朝着自己希望的目标发展。

命运掌握在你的手中，即使你正遭受人生最大的挫折，那也可能是上帝对你的考验。不要抱怨，不要放弃，用自己的勤奋、努力、不屈去书写自己的人生，成功离你不再遥远。

第十二章
淡定的心态，不抱怨的人生才是最美

抱怨没有机遇，不如做自己的伯乐

怀才不遇是很多人的日常感受，自己有才华、有能力、有学历、有经验，为什么就很难成功呢？于是抱怨没有机遇，陷入无助失望中。其实，你可以想一下，为什么一定要别人给你机遇呢，自己就不能做自己的伯乐吗？

美国著名的心理学专家安东尼·罗宾曾说过："每个人身上都蕴藏着一份特殊的才能，那份才能犹如一位熟睡的巨人，等待我们去唤醒他……"如果你能转变心态，去"唤醒"自己心中的巨人，你也可以做自己的伯乐。

大家都知道毛遂自荐的故事。秦军进攻赵国，包围了赵都邯郸，形势十分危急。赵王派平原君去楚国请求援兵。平原君打算从自己的门客中挑选20人作为随员，可是挑来挑去，有用的人不过19个。正在发愁

179

之际，一个名叫毛遂的门客来找平原君，要求充当随员。平原君问他："先生到我门下几年了？"毛遂答道："三年了。"平原君说："有才能的人，身在天地之间，就好比锥子放在口袋里，锥尖马上会破袋而出，让人看到。先生在我门下三年了，我都没有听说过你，这样看来，先生怕是没什么才干吧。"毛遂大声道："我今天就是来请您把我放进口袋里的。假如我早一点被放在口袋里的话，整个锥子都会钻出来，何止是锥尖让人看到呢。"平原君想了想，终于答应了毛遂的请求。平原君一行到了楚国之后，毛遂在楚国宫殿挺身而出，痛陈利害，才使得楚王改变主意，同意发兵救赵，解了赵国的困境。

毛遂自荐的故事之所以传为美谈，是因为毛遂坚信自己不是平庸之辈，不在乎别人的看法，勇敢自荐，并用过人的胆识与口才证明了自己的才能。

在实现人生价值的过程中，不靠别人给机会，勇敢地展示自己的才华，才能为自己赢得机会。

塑身内衣女皇萨拉·布雷克里的成功，主要在于她寻求各种机遇推介自己的产品。无力承担广告费用，她就从杂志上撕下记者的联系方式，逐一打电话；她主动参加百货商店的早会，并向销售人员展示，将自己生产的袜子与女装、鞋类放在一起；她还买来货架，把产品挂到架子上，摆到收银机附近，让更多顾客看到。后来她坚持不懈地给脱口秀女王奥普拉的造型师寄送样品，终于有一天，奥普拉穿上了她生产的袜子。奥普拉在她一年一度的《最爱产品秀》上向观众们介绍这款袜子，称其为当年度她最喜欢的商品。就这样，布雷克里掘到人生第一桶金。

布雷克里之所以能够成功，是因为她清楚了解自己产品的优势，与其等待别人的青睐，不如做自己的伯乐，经过种种努力，终于让大家接受了自己的产品。如果一直等待机会，也许她不会这么容易成功。

布雷克里的路是可以模仿的，你可以这样做：

首先，努力去做一匹千里马。抱怨没机遇，也许是你能力根本就不够，抱怨之前，先要提高自身素质，让自己成为一匹真正的千里马。

其次，发现自己的优势。人贵能自我发现，当你发现了自己的特殊才能，就要做自己的伯乐，鼓起勇气坚持下去。如果你认识到自己的长处，却不愿将自己长处展示出来，而是等着伯乐来发现，那么你就可能与成功失之交臂。

最后，勇敢推荐自己。你可以向毛遂学习，充满自信把自己推荐出去，一展才能。因为伯乐毕竟很少，一味等待会让你失去机会。

如果你有才华，渴望有用武之地，那就不要再等待伯乐了，从现在起做自己的伯乐，唤醒心中的巨人，展现自己的才华，朝着正确的人生方向前进，早日到达成功的彼岸。

看淡一些，这个世界本就不公平

有的人一生下来就什么都有了，你却要奋斗很多年；有的人身体健康，家庭幸福，你却被疾病缠绕；有的人不怎么努力，却能获得上司的青睐，自己怎么努力也不行……对你来说，这些都很不公平，都让你产生抱怨。

一个病房住了两个病人，都不算是什么大病，就是麻烦一点，病情容易反复。其中一个病人整天抱怨："我觉得我也没做过什么坏事，为什么上天对我这么不公平？""别人为什么都好好的，就我住进医院，受这种罪？"而另一个病人完全不同，他总是很乐观地安慰自己："哎呀，比起楼下癌症病人，我们已经是太幸运的人了，相信医生。""没多久我们就能出院，就当在这里休息，每天奔波也是很累的。"后来他们俩差不多时间病愈出院了，不同的是一个人收获了太多的不开心，而另一个人却以感恩的心态面对疾病。

有人生病，有人健康；有人贫穷，有人富裕。这个世界本来就是不公平的，得病了，积极治疗就行了，抱怨只能增加内心的不快，也没有任何作用，何苦呢？世界处于千变万化之中，很难拿一杆秤把所有的事物都称量一遍。遭遇不公平并不可怕，可怕的是你因此产生负面情绪，抱怨人生，消极应对，最后影响到工作和生活。

秦洁在公司工作三年，在部门内也算是老职工，一直任劳任怨，秦洁一直等待升职的机会。后来部门又来了一个年轻的小女孩，学历背景很强，但是没什么经验。秦洁并没有把她当做竞争对手，但是没想到小女孩却得到了晋升。秦洁觉得非常不公平，一改往日的作风，到人事主管那里讨说法，人事主管给的理由是"为中层管理储备年轻力量"，但是秦洁也大不了两岁呀。秦洁心中不平，把情绪带到了工作中，出了重大差错，只好主动辞职。

秦洁的错在于没有认识到职场没有绝对的公平可言，当人事命令已成为现实，自己再怎么闹也无济于事，只会影响自己的职场生涯，这是非常不值得的。

看淡一些，接受某种不公平，反而能让自己迅速成长起来，还能找到成功的道路。

"千手观音"的主创邰丽华，从小就双耳失聪，一直生活在无声世界中。相对于同龄人，上天对她太不公平了，夺取了她欣赏音乐的权利。然而让人惊讶和欣慰的是，她没有抱怨，没有消沉，对生活充满了信心，每天都把微笑挂在嘴边。经过无数次的练习与刻苦训练，她创作的舞蹈《千手观音》受到了观众的一致好评，得到了专家们的一致肯定，还登上了春晚的舞台。

命运对邰丽华是不公平的，但是她没有把生命消磨在抱怨中，而是发愤图强，坚持梦想，终于获得了大家的肯定，实现了自己的价值。

邰丽华的经历也许能给你一些启示吧，换做是你，该怎么对待"不公平"的待遇呢？看看下面的这些做法。

首先，确定自己是不是真的遭受不公平。世界上不公平的事情有很多，你要对自己的遭遇进行分析，反思一下自己，不升职是不是自己做的不够？他不喜欢我是不是我不善于表达？多找自己的原因，少抱怨别人。

其次，可以选择靠外在行动去改变。当确定自己遭遇了不公平，与其私下抱怨，不如离开这个不公平的地方，或者寻求上司的帮助，加强沟通，在最大程度上减少不公平带来的伤害。

最后，调整好心态。用坦然淡定的心态来面对不公平，提升自己的能力，即可降低今后遭遇不公平的可能性。

这个世界本来就是不公平的，"不公平"不应该成为你抱怨的理由，困扰你的不是事情本身，而是你对事情的看法。那么就积极调整一下自己的心态，把一切不平都看做过眼云烟，积极地应对人生的种种困境。

如果你有一个柠檬，那就做柠檬水

当有人问你快乐吗，你会想起自己普通的外貌、平凡的出身、不出色的能力、波澜不惊的生活……你也许会认为，我什么也没有，我凭什么快乐呢？

其实你这种想法是错误的。假如生命只给了你一个柠檬，你会怎么做呢？有的人会自暴自弃，"我垮了，这就是命运"，然后开始诅咒、抱怨这个世界，让自己沉溺在自怜之中；有的人会想，怎么改善现在的状况呢，怎么把柠檬变成柠檬水呢？

这就是消极的人与积极的人之间的区别。既然只有一个柠檬，那就做一杯柠檬水吧，有什么可抱怨的呢？

小然性格内向，不善交际，在学校的时候一直不太突出。她本人及父母都对自己的性格很头疼，觉得走上社会后会"吃不开"。毕业的时候，在朋友的建议下，她做了专业的性格和职业能力倾向性测试，职业顾问给她的建议是从事文字编辑类工作。她自己也觉得案头工作，很适合自己，就选择了一家杂志社从事编辑工作。半年下来，很多一起来的同学厌烦了这种安静的工作，但是小然却非常喜欢，做的有滋有味。

小然性格内向、不善交际可能会是一种弱点，不利建立良好的人际关系，但是既然就是这样的性格，就去选择适合这个性格的工作，也不用过于纠结。小然就用自己的柠檬做了一杯柠檬水，找到最合适的位置。

把消极变成积极的，把弱点变成优势，把你的柠檬做成柠檬水，你会收获自己的快乐。

玛丽的先生驻守在加州某位于沙漠地带的陆军训练营里，她为了和丈夫生活在一起，也到了沙漠。但是沙漠生活非常糟糕，白天非常炎热，即使是在大仙人掌的阴影下，也还有一百二十五度的高温。当地人不会说英语，没有人可以交流。一整天风沙不断，空气里都是沙子。无法改变现实，她就下定决心适应这样的生活。她和当地的人交上了朋友，当地人非常热情地送她礼物；她欣赏沙漠的日落，还去找三百万年前的贝壳……这种崭新的生活让她感到惊喜，后来她还把自己的经历写成一本畅销书。

沙漠没有改变，当地人也没有改变，但是玛丽改变了自己的态度，在这种情况之下，一些令人颓丧的境遇变成最美好的生活。玛丽靠心态战胜了困难，用上帝给的柠檬做了一杯风味独特的柠檬水。

她的经历说明快乐其实很简单，关键你用什么心态去生活，这种心态帮助你把柠檬做成柠檬水。你也可以像她一样，获得不一样的生活感受。

首先，看到事情积极的一面。任何时候，都要看到事情积极的一面，试着化负为正，用肯定的思想来替代否定的思想。这样你就能激发自己的创造力，即使只有一个柠檬，你也能获得最后想要的东西。

其次，学会从损失中获利。生活中肯定会有各种各样的损失，遇到了，不要过于沮丧，真正重要的是要从你的损失里去获利，让你的生活更加美好。

最后，坦然快乐地接受生活。不抱怨自己得到的太少，用很少的东西做更多的事情。这是柠檬水中隐藏的智慧，坦然快乐地接受，生活会向你绽开笑脸。

现在清楚了吗？快乐就在身边。当命运交给你一个柠檬的时候，你试着去做一杯柠檬水，平和、快乐的心态让你的人生更加美好。

得意时不忘形，失意时不消沉

反思一下你的生活，当你的梦想得以实现的时候，你是否兴高采烈而忘乎所以呢？当你努力许久没有结果，你是否就此一蹶不振呢？如果你得意时忘形、失意时消沉，那你就失去了淡定的心态，这对你的未来发展是十分危险的。

人生是一段一环紧扣一环的道路，有上坡就会有下坡。上坡时感叹路难走，丧失信心，就会半途而废；下坡时凭借惯性往下冲，一味兴奋，可能会由于车速太快摔倒，甚至撞上别人。不管是上坡还是下坡，都应淡然面对，得意时不忘形，失意时不消沉。

一个年轻人跟随老板创业，公司有了起色以后，升做了销售部经理。升职后，他对于老板简直是忠诚到无以复加的地步，但是对除老板以外的整个公司上上下下百十号人一概不屑一顾，许多员工背后都叫他"二掌柜"的，由此造成了许多公司经营管理上的规章制度、指令计划在他那个部门行不通，而当他被相关部门或者领导问责的时候，他总是不以为然，甚至拍桌子瞪眼睛，呵斥人家说："就凭你也来管我？我跟着老板创业的时候，你在哪儿呢？"弄得对方哑口无言。老板看到这个小伙子有点得意忘形已经招致众怒，赶紧对他进行了教育，并要求他改掉唯我独尊的毛病，踏踏实实做好工作，再这样下去，估计公司难留他。小伙子这才意识到事情的严重性，赶紧反思自己的所作所为，改变了原来的心态。

得意时也是容易犯错误的时候，忘记自己的本分，忘记自己应该做的事情，甚至得罪一大批人，对自己的发展是非常不利的。这个年轻人能及时调整自己的心态，悬崖勒马，才避免犯更大的错误。

2000 年 1 月，孙正义投给阿里巴巴 2000 万美元，马云重金在手得意非凡，有这么多钱，阿里巴巴成为国际企业的梦想指日可待。于是马云兴冲冲地开始了大规模扩张之路，向香港、韩国、美国进军，这每一步棋都是大手笔。但是在海外这么多地方都疯狂烧钱，请了一大堆国际化的空降高管和工程师，阿里巴巴的财务出现了危机，账面上就只剩能维持半年多的 700 万美元了。马云宣布阿里巴巴进入紧急状态。

不可否认，马云是商界奇才，但是也有得意忘形的时候，并为此付出代价。幸好马云后来及时调整策略，最大限度降低成本，撤出国际市场，及时地找到前行的路。

人，可以得意，但是绝不能忘形。即使是高手，一朝得意忘形，也难免老马失足，偏离了正常的轨迹。得意忘形使人和事由盛转衰，甚至一蹶不振；而得意不忘形却能让人虽折不断、愈挫愈勇。

得意时应该怎样保持淡定的心态呢？

其一：居安思危，时刻警醒。得意时容易头脑发热，就可能为以后埋下隐患，所以要保持冷静的态度。

其二：打破固定思维，继续学习。成功了，就会形成固定思维，失去学习的能力，自然就会失去进步的动力。所以，打破原有固定思维很重要。

其三：保持谦和。得意忘形会引起别人的不满和嫉妒，使人际关系紧张，所以要时时保持谦和，认真倾听别人的意见。

用正确的心态看待成败，还要做到失意时不消沉。

大文学家苏东坡一生大起大落，"乌台诗案"是其人生的转折点，他因小人谗言而被宋神宗先是下狱，后是下放。但苏东坡没有自暴自弃，而是尽量追求人生的意义与生活的乐趣。将一腔的悲愤都化作了文学创作、追求生活情趣的动力。苏东坡一生的主要文学、艺术成就是在下放时期完成的。在黄州下放时期，他还放下身段、务农自娱，朋友向州府申请城东的营房废地数十亩，让他耕种。苏东坡不以为苦，反以为乐，率领一家老小清除断壁残垣，焚烧杂草，开荒播种，喂养家禽。第二年冬天他又盖了所房子，并冠名"东坡雪堂"，本人自称"东坡居士"。

"乌台诗案"是苏东坡最消沉的阶段，但是他从哀伤中振奋起来，追求苦难的价值，让精神获得升华。由此可见，他始终以一颗静心来面对世间的得失进退，以一份激情来化解人生的悲欢离合，在失意中追逐生活情趣，享受大自然的乐趣。

　　失意时，你可以把苏东坡当做自己的榜样。

　　其一：寻找疏解情绪的渠道。人生不可能一帆风顺，遭逢逆境，不要气馁和自我放弃，可以发展专长，寻求疏解情绪的渠道，积极营造快乐的生活。

　　其二：不把悲哀写在脸上。失意时不能失态，不把不快乐都写在脸上，时刻带着微笑，给自己积极的心理暗示。

　　其三：保持信心。挫折的时候也不要失去信心，相信自己一定能走出低谷。

　　每个人的人生旅途，都有这样的几次高处与低处。高处与低处，只是一种状态而已，人生就要学会在高处时的淡然和低处时的平静。你只有看淡成败得失，才能保持一颗平静的心。

挫折过后，淡化它带来的"后遗症"

　　挫折无处不在，你所在的公司突然宣布要裁员，你可能就在那名单中；换了很多工作，却一直找不到真正适合自己的工作；经营多年的婚姻，突然走到了尽头……挫折过后，你也许会痛苦、怨恨、自卑，失去希望和信心，心中充满挫败感。这些负面情绪，都是挫折的"后遗症"。

　　香港巨星周星驰，中学毕业后半年多找不到工作，靠母亲养家。当时，香港无线电视台在招考演员，周星驰拖着中学同学梁朝伟一起去报名。结果，陪考的梁朝伟考上了训练班，周星驰却因为长得不够帅，考官懒得看他第二眼。直到邻居告诉他，TVB将招考夜间部训练班，他才再次报考，终于成功。从训练班毕业后，虽然周星驰想演戏，却被分到儿童节目《四三〇穿梭机》担任主持人，播出时间是下午4点半的冷门时段。周星驰在这里一待就是4年。担任《四三〇穿梭机》主持人的同时，周星驰在多部连续剧中担任临时演员。每天录完节目，他都会认真揣摩第二天的龙套角色，就算没有台词、一出场就死掉，他也会研究出一套"死法"。4年的主持人生涯，周星驰走得很辛苦。梁朝伟已是TVB力捧的"五虎将"之一，周星驰还在默默练习不同表情，每月领2000港元的薪水。一次又一次遭受挫折，一次又一次被打击，周星驰从不觉得苦，他总是一脸轻松地回答："我不从苦的角度看事情。"

不断遭遇挫折和打击，但是周星驰从不怨天尤人，而是认认真真做好每一件事情，即使一个跑龙套的角色，他都用心揣摩。就是这种对待挫折的心态，成就了他以后在华语影坛的地位。

人生的道路曲折漫长，成功与失败、顺境与逆境、幸福与不幸会相伴出现，挫折更是在所难免，不能战胜挫折的后遗症，你的内心就会积满负能量。所以，学会修复挫折后的心理，对你来说十分重要。

西班牙港口城市巴塞罗那有一家著名的造船厂，这个造船厂有1000多年的历史，一个规矩一直延续——所有从造船厂出去的船舶都要造一个模型留在厂里，并把这艘船出厂后的命运刻在模型上。有一艘叫"西班牙公主"的船舶模型上雕刻的文字是这样的："本船共计航海50年，其中11次遭遇冰川，6次遭遇海盗抢劫，9次与其它的船只相撞，21次发生故障抛锚搁浅。"在陈列馆最里面的一面墙上，是对上千年来造船厂的所有出厂船舶的概述："造船厂出厂的近10万艘船舶当中，有6000

艘在大海中沉没，有 9000 艘因为受伤严重不能再进行修复，有 6 万艘船舶都遭遇 20 次以上的大灾难……"没有哪一艘船从下海的那一天开始没有过受伤的经历！

人就和船舶一样，无论多么强大，只要到大海里航行，就会受伤，就会遭受灾难。如果因为遭遇了磨难而怨天尤人，如果因为遭遇了挫折而自暴自弃，如果因为受到了伤害就一蹶不振，那人生早就停滞不前了，怎能扬帆万里？

挫折都会在人的心里留下不愉快，这种不良情绪是很正常的。但是人长期受这种挫折后遗症的影响，身心健康就会受到损害，就会一蹶不振，还会把错误和失败迁怒他人，对生活和工作产生不良影响。

小王和小林在大学时是同班同学，他们的学习成绩都很优秀，难分上下。小王毕业后，在一家电器公司做推销员，每一次去推销电器，他都会遭到各种拒绝，但他始终面带微笑，耐心地给别人介绍自己的产品，上苍没有辜负他的努力，他的业绩非常突出，没有多长时间，就被提升为公司的销售部经理。小林毕业后到一家外企工作，一开始，他对工作也是认真努力，想要在工作上做出一番成绩，可是后来在工作上遭遇一些挫折，他觉得很有压力，工作时总是心不在焉，工作时间常常溜出去，上面交代的工作也做得马马虎虎，时间长了，领导有了辞退他的想法。

他们两个能力相差应该不大，可是由于他们对待挫折的态度不一样，一个淡化挫折的不良影响，一个因挫折产生消极情绪，最终结果也截然相反。

那么，该如何淡化挫折带来的后遗症呢？

其一：战胜自己。挫折过后，你最需要的是战胜自己。只有战胜自己，你才能告别原来的你。

其二：调整目标。目标没有实现，你要重新衡量一下目标是否合理，及时调整目标，战胜困难，继续前进，才可到达理想的彼岸。

其三：摆脱不良情绪。遇到挫折产生了悲观失望的不良情绪，你应该及时采取适当的方式，将不良情绪宣泄出去。可以向亲友倾诉，也可以出去旅游，积极参加体育活动，只要可以消除不良情绪的方法，都可以尝试。

挫折并不可怕，挫折的后遗症才可怕。当你遭遇挫折后，要积极寻求克服和战胜挫折的有效途径，抚平伤痕，向人生的成功目标奋斗。只有淡化后遗症，挫折才会变成你的财富，在你心中点亮了一盏明灯，从而排除不良情绪的干扰，开始了新的路程。

第十三章
不计较的心态，帮你做到心平气和

宽容别人就是宽容自己

雨果说："最高贵的复仇是宽容。"当别人伤害了你、羞辱了你、鄙视了你，你该怎么做？找一个机会以牙还牙，不过加深彼此之间的误解，让自己陷入复仇的怪圈，伤害别人的同时也伤害了自己。其实，这时你需要做的是宽容，宽容别人也宽容了自己。

也许你受的伤害太深，你会说："我死也不原谅那些伤害我的人。"可你想过没有，对仇恨如此执着不肯放手，不肯原谅对方，最终是把自己禁锢在仇恨的牢笼里。因仇恨不快乐的人是你，无法从被伤害的感觉中挣脱出来的是你，纠结于不愉快回忆的人也是你……那么，何不调节一下心态，不再计较，宽容曾经伤害你的人呢？

香港著名女艺人沈殿霞是一个宽容大度、备受尊重的人。她与郑少秋相遇时，已经是一名红透香港的金牌司仪，而那时的郑少秋饱受生活打击，而且一无所有。她不顾朋友的劝阻，全力扶持郑少秋的事业，与他登记结婚且不惜冒着生命危险为他怀孕生女。女儿来到人世还不到两个月，郑少秋就移情别恋了，沈殿霞遭受了沉重的打击。很多年以后，沈殿霞主持的一期谈话节目的嘉宾竟然是郑少秋，待节目快结束时，沈殿霞突然很意外地问郑少秋说："有个问题好久前就想问你了，今天借这个机会问你一下，你只需回答 Yes 或是 No 就行。多年以前，你有没有真心地爱过我？"郑少秋听后，只是稍加思索，便认真地回答说："我真的好爱你！"此言一出，沈殿霞立刻泪流满面，随即那幸福的笑容便荡漾在她迷人的脸上，她原谅了这个曾经伤害过自己的人，也化解了心中的苦痛。

沈殿霞的乐观开朗感染过很多人，但是她的淡定和从容也让人感动。原谅郑少秋，她也从痛苦的回忆中挣脱出来，由此可见，宽容别人就是宽容自己。

古往今来，宽容都在人际交往中占据着重要的地位。宽容的人对事宽大、有气量、不计较、不追究，往往能赢得更多的朋友；宽容是对他人的尊重、信任、理解，能有效完成人与人之间的沟通。宽容就像一束阳光，照亮每个人的心灵，使人与人之间的关系更为友好。

竞选总统前夕，林肯在参议院演说时，一名参议员存心羞辱他，说："林肯先生，在你开始演讲之前，我希望你记住自己是个鞋匠的儿子。"林肯微微一笑，说："我非常感谢你使我记起了我的父亲。我一定记住你的忠告，我做总统要像我父亲做鞋匠那样做得好。"参议院一下子安静下来，好多议员都陷入沉默。林肯接着说："据我所知，我的父亲以前也为你的家人做过鞋子，如果你的鞋子不合脚，我可以帮你修改。参议院的任何人，如果穿的鞋是我父亲做的，而他们需要修理或改善，我一定尽可能地帮忙。但有一点可以肯定，我的手艺远远比不上他的手艺。"说到这里，参议院响起了笑声和掌声。林肯总统对政敌素以宽容著称，后来终于引起一名议员的不满，议员说："你不应该试图和那些人交朋友，而应该消灭他们。"林肯微笑着回答："他们变成了我的朋友，我不正是消灭了我的敌人吗？"

宽容敌人，就是为自己制造朋友，林肯不计较的心态为他消灭了更多的政敌，也为他赢得了更多的朋友，正是靠着这种宽容，他的政治之路才变得更加平坦宽阔。

"得饶人处且饶人"，跟别人斤斤计较，你得不到任何好处，反而让自己活得很累，但如果学会了宽容，必定会收获很多。

三国时期的蜀国，诸葛亮去世后由蒋琬主持朝政。他的下属中有个叫杨戏的，性格孤僻，不善言谈。蒋琬与他说话，他只应不答，看起来非常傲慢。有的官员看不惯，在蒋琬面前打小报告："杨戏这人对您如此傲慢，太不像话了！"蒋琬坦然一笑，说："每个人的脾气秉性不一样，杨戏不善言谈，自然也难当面说赞扬我的话；让他当着众人的面说我的不是，他会觉得我下不来台，所以只好不做声了。这正是他为人的可贵之处。"朝中官员听说这件事情，都夸赞蒋琬"宰相肚里能撑船"。

不计较，不记仇，能宽容他人，这才是宰相的品格。领导者要有这样的气度，普通人也应有这样的心胸。能宽容别人的人必将获得一份内心的平和。

宽容是一种修养，能为你带来一份不可低估的力量；宽容也是一种美德，让你拥有一种海纳百川的大度。宽容是一种健康的心态，对他人的过错不念念不忘，不沉浸在自己曾经的伤害中，能收获从容的生活。在现实生活中，你可以尝试这样做：

首先，学会忘却。人人都有痛苦，都有伤疤，动辄去揭便会使旧痕新伤难愈合。你不妨学着忘记昨日的是非，忘记别人曾经给你的指责和谩骂。学会忘却，才能学会宽容，生活才会充满阳光。

其次，不要计较太多。人无完人，每个人都可能犯错误，不管是抓着别人的错误，还是抓着自己的错误，都会形成思想包袱。当你对一些小事耿耿于怀时，你就会限制住自己的思维。

再次，懂得忍耐。当你面对同伴的批评、朋友的误解时，过多的争辩和"反击"没有什么意义，学会忍耐，你的心就会渐渐宽阔起来。另外，任何人都有自己对人生的看法和体会，你要懂得尊重他们。

最后，换位思考。有时候，你站在自己的角度看问题，可能不够全面，也不会了解对方的心思；当你换位站在对方的角度看一下，你就会了解对方的心态，也许对方也有可以原谅之处，对曾经的伤害你就能一笑了之了。

斤斤计较让你变得越来越不快乐，不要再等了，马上调节自己的心态，宽容别人，解放自己，让你拥有更多的朋友，让你收获新的人生精彩。

"指责型人格"容易引起别人厌烦

网上流传一个段子：

有一个船夫划着船去给别人送货，他突然发现迎面有一只小船向自己快速驶来，眼看两只船就要撞上了，但那只船并没有丝毫避让的意思，船夫赶紧大喊："让开，快点让开！你这个白痴！"结果还是撞上了。他大声指责："你不会驾船啊？这么宽的河面，你竟然撞到了我的船。"但是后来他吃惊地发现，小船上空无一人。

有时，也许你就是那个船夫。生活中出现任何不顺心的地方，总是唠唠叨叨，把周围的人指责一遍。在单位指责下属做事情不认真，指责上司分配不公平；在家里指责邻居家太吵，指责老婆做饭不好吃；到了外面指责道路拥堵，指责别人素质太差……一点点的小事，都会让你很生气，你因为一些鸡毛蒜皮的小事着急，指责一切可以指责的人，但是又对所有的事情束手无策。

这样的你，带有"指责型"的心态。

为什么大家都爱指责别人？原因很多，有的是站在道德高度上，过高要求别人；有的也许是对方做的确实不对，而你没有学会正确的沟通方法，只懂得指责；有的是对鸡毛蒜皮斤斤计较，什么事都挂在嘴上……其实，指责是带着利刃的抱怨，会让人感觉被贬低、得不到尊重。指责不可能有效地改变另一个人的行为，常常会招致厌烦。

查理先生每天早上在屋前开着除草机割草，这时总有人开着快车疾驰而过。查理性格暴躁，总是对驾驶人大喊"开慢一点"，甚至有时候还会挥动手臂指责他们，但是没有人理会他。有一辆黄色的跑车，开车的是一个年轻的女孩，无论他怎么高声尖叫、用力挥手，那个年轻女孩还是危险地飞速疾驰，就当他根本不存在。有一天，他在屋里看报，妻子在屋前收拾花卉，那辆黄色的跑车逐渐驶近，照样速度飞快，然而当车子经过查理家门前时，刹车灯亮了一下，车速放慢到了安全程度，那个看来总是沉着脸的年轻女郎正在对着妻子微笑，并友好地对着妻子点头。等黄色跑车过去后，查理非常好奇地问妻子："你是用什么方法让这个疯狂的飙车手放慢速度的？"妻子头也不抬地说道："很简单啊，我只是微笑，把她当老朋友一样对她挥手，她也对我微笑，车速就慢下来了。"查理惊呆了，对自己的指责毫不理会的人，竟然因为妻子的微笑放慢了速度。

查理试图用指责的方式让这个女人她减速慢行，却没有任何效果，而妻子用善意对待她，而她也回应以善意。其实，每个人共有的头号需要就是获得认可、受到重视，能感觉到自身的重要。没有人喜欢被指责，而且指责除了让你看起来更没有素养，往往还会扩大那些事端。

指责型人格容易招致别人厌烦，这包括领导和父母。杰出的领导者都知道，人们对于欣赏的回应，要远比对指责的回应更为热烈。即使指责，杰出的领导者也会讲究方式和方法，不是随意地贬低，也要容忍一些小毛病，放大下属的优点，能激励他们表现得更卓越。

有些父母，只会注意孩子不理想的表现，比如有的孩子把得了四个 A 和一个 C 的成绩单带回家，父母会指责说："怎么这一科会拿 C？"这样的话，会打击孩子的积极性，在孩子心中你会成为不受欢迎的父母。

对一些小事过于计较，会消磨掉你的平和与大度，让你成为别人厌烦的人，而且指责任何问题也解决不了，所以，你要尽快调节自己的心态，改掉动辄指责别人的毛病。

首先，指责别人前先搞清楚事情的原委。有些时候，听到的不一定是真相，看到的也不一定是真相，你心中的猜测和判断也有出现偏差的时候。所以，在任何情况下，都不要让自己指责的话脱口而出。说出去的话就好似泼出去的水，再难收回。认真思考一下，搞清楚事情的原委再发表意见不迟。

有一位单身女子刚搬了家，她发现邻居是一户穷人家，一个寡妇带着两个小孩子生活。有天晚上，因为故障那一带忽然停电了，单身女子赶紧找到家里储存的蜡烛点上了。就在这时，忽然听到有人敲门。单身女子一开门，发现是隔壁邻居的小男孩。他非常紧张地问："阿姨，请问你家有蜡烛吗？"女子心想：他们家竟穷到连蜡烛都没有吗？千万别借他们，免得被他们依赖！于是，她对孩子吼了一声说："没有！"她正想说："一根蜡烛也要借别人的吗？"那个穷小孩已经从兜里掏出两根蜡烛，露出关爱的笑容说："我就知道你家一定没有！妈妈和我怕你一个人住又没有蜡烛，所以我带两根来送你。"女子一下子惊呆了，她庆幸没有说出指责的话，将那个小孩子紧紧地抱在怀里。

这个单身女子其实完全误解了小男孩的意思，如果真的说出后半句指责的话，可能就伤害到了别人。

其次，提高自己的交流技巧。在现实生活中，有很多人不懂得交流技巧，一遇小事就知道一味指责别人。一样的话，换一个方式，换一种语气，效果就完全不一样了，为什么非要用指责的语气说出来呢？只会招致反感和厌烦，也不一定能解决问题。

最后，大事化小，小事化了。有些事情说简单也简单，说复杂也很复杂，其实真正取决于心态。学会换个角度去思考，及时调整心态，不愉快的事情就没有那么多，你也不会大动肝火了。孩子卫生习惯不好，下属总忘记敲门，老婆回家晚一点，邻居家有点吵……不过是鸡毛蒜皮的小事，真的没有必要去计较，更不必动不动就指责别人，伤害别人也伤害自己。

生活总不免有一些烦心事，如果你对一件很小的事不满意，就生气、指责别人，你肯定会变得越来越不受欢迎，甚至被人厌烦。调节一下心态，让急躁的心安静下来，你的心情会变得越来越平和，肯定能改掉乱指责的人毛病。

做人以和为贵，不必斤斤计较

古人云："天时不如地利，地利不如人和。"中国人向来奉行"以和为贵"的做事方式。

"和"有利于家庭和睦，有助于个人发展，所以就有"家和万事兴"这句话。"和"能为经商者带来财富，所以又有"和气生财"这句话。而国与国之间也需要和平，才能为老百姓幸福的生活奠定基础。在日常生活中，"和"能平息仇恨的怒火，能消除彼此之间的误会，使人际关系更加和谐。

但是，多样、复杂的社会生活经常让人与人之间产生了种种分歧，分歧又会导致摩擦，摩擦导致矛盾，矛盾激化就会导致争斗。对鸡毛蒜皮的小事斤斤计较，矛盾就会逐渐升级，暗斗变成明争，伤了彼此间的和气，造成不必要的损失。

"负荆请罪"的故事想必大家都比较熟悉。蔺相如在完璧归赵和渑池之会中，靠着自己的智慧捍卫了国家的尊严，维护了赵国的利益，获得赵王的赏识，官职一升再升，官位居于武官廉颇之上。廉颇自认为攻无不克，战无不胜，立下许多大功，对蔺相如不服。扬言说："我碰见蔺相如，一定要侮辱他。"蔺相如听到这些话后，不肯和他会面，每逢上朝时常常托辞有病，不愿跟廉颇争位次的高下。过了些时候，蔺相如出门，远远看见廉颇，就掉转车子避开他。在这种情况下，门客一齐规劝他说："现在您与廉颇职位相同，廉将军散布一些恶言恶语，您却怕他，躲着他。平庸的人对这种情况尚且感到羞耻，更何况是将相呢？"蔺相如说："凭秦王那样的威风，我蔺相如敢在秦国的朝廷上呵斥他，侮辱他的臣子们，难道偏偏害怕廉将军吗？但是我想强大的秦国之所以不敢轻易侵犯赵国，是因为有我们两个人存在啊！我之所以这样做，是以国家之急为先而以私仇为后啊！"廉颇听到这话，非常羞愧，通过门客引导到蔺相如家请罪。两人终于和好，成为誓同生死的朋友，共同保护赵国。

199

蔺相如不在乎廉颇对自己言辞上的侮辱，不斤斤计较个人得失，把国家利益放在首位，终于感动了廉颇，成就"将相和"的佳话。假如他与廉颇结下私仇，势必会影响到赵国的安危。

在今天，"和"仍是一条协调人际关系的重要原则。不管是在生活中，还是在工作中，对人一团和气，与人互帮互助，对人宽容大度，会帮你营造和谐的人际关系。

二战期间，面对法西斯的威胁，丘吉尔站出来公开发表出兵卫国的演讲。在演讲中，很多反对派出来捣乱，还对他大喊："法西斯离我们还有千里之远，你这么害怕干什么？你是不是打算通过战争来保全你的领导地位？"当时在场的人一片哗然，听到这些话丘吉尔表情平静，就像没听见一样，继续演讲。演讲结束后秘书问丘吉尔："那些反对派太过分了，为什么不处置他们？"丘吉尔平静地说："不要和不懂你的人争论。"

不争论，不计较，展现了一个大国领导人的气度和魄力。有人喊出反对的声音，就任他去，政见不同但也没有必要成为仇人。丘吉尔的处理恰到好处。

"以和为贵"的处世态度，会对你的人生产生积极的影响。

其一：帮你发掘利用"人脉资源"。如果你有个好性格，待人一团和气，从不斤斤计较，即使你不着急去认识别人，别人也会主动结识你。很多成功人士的事例都验证了这一点。

其二："以和为贵"可以彰显一个人的人格魅力。"和"是中国人所倡导的为人处世之道，做事"以和为贵"能显示出你的宽容大度，能让你从容淡定，显示大将之风和领导风范，对你的事业是非常有帮助的。

其三，"以和为贵"可以为你事业助力。"和气生财"是亘古不变的生财之道，很多人都知道，在生意场上要与人为善，不能强买强卖，更不能用恶劣的态度去对待客户，正所谓"人脉就是钱脉"。另外，在职场上，大度和气也会让你充满正能量，赢得别人的尊重和重视。

那么，怎么做到以和为贵呢？

首先，提高个人修养。要培养自身宁静、淡然的心境。平时多读书，提高文化修养和看事情的眼界；同时培养高雅的情趣，修身养性，让自己身心平和起来。这样你才能有宽广的胸怀，遇到小事不计较，与人为善，以和为贵。

其次，学会和谐沟通。"人和"即人与人之间的和谐，也是"和"的一部分。只要你能意识到"人和"的重要性，遇事就不会动不动就着急，也能心平气和地看待人与人之间的关系。

最后，学会处事的适度与理性。做事中有很大的学问，可以计较但是不能过于计较，可以性情但是不能为所欲为。对自己的行为有所节制，讲究适度和理性，能让你的身心更加平和。

别人说一句不好听的话，你生气很久，甚至找人理论；工作中吃了小亏，愤愤不平半天，和同事公开吵架……这些都是你人生中"不和谐"的音符。己和者宁静，人和者宽容，事和者低调。"和"可以化解一切敌对，成就生活氛围、事业环境。如果你平时凡事斤斤计较，经常与人冲突，那你迫切需要改变你的心态。不然，不当的处事方式会妨碍你的发展，会成为你幸福生活的阻力。

有些事情需要睁一只眼闭一只眼

"睁一只眼闭一只眼"是大家常说的一句话，通俗来讲，就是有的时候，对一些事情看得太清晰了反而不好，不如模糊点看，不过分较真。这就是郑板桥所说的"难得糊涂"了。

"难得糊涂"为世人所推崇，但不是件轻而易举就能做到的事情。有的人在不该糊涂的时候糊涂，有的人在需要精明的时候糊涂，但聪明的人绝对不是在任何时候都精明，而是在需要糊涂的时候恰到好处地装糊涂，这才是真真正正的聪明。

但是大家并不都明白这个道理，生活中处处可见不和谐的现象：在拥挤的马路上，一个人的自行车不小心轧了另一个的脚，被轧者不依不饶，轧人者蛮横无理，最后两人闹到了派出所，都耽误了上班；年轻人一边走路一边玩手机，不小心踩在香蕉皮上险些滑倒，抬头见前边人吃着香蕉，就质问人家怎么一点文明素质都没有，先是恶语相向接着大打出手；妻子高价买了一件衣服，问丈夫怎么样，丈夫说水桶腰穿什么都不好看，白白浪费钱，结果妻子生气不做饭，跑回娘家……

生活中何必太较真呢？睁一只眼闭一只眼，事情就这么过去了。如果你不能学会在恰当的时机"睁一只眼闭一只眼"，那就不可能处理好各种复杂的关系，被一些小事弄得疲惫不堪。

有一个有趣的民间故事，说的是两个人因为一道乘法题算法不一样，一人说三八二十四，一人说三八二十一，大吵了一天，最后还动起手来，闹到了公堂上。到了公堂上两人还是相争不下，县官听了事情的原委后说："去，把说'三八二十四'的拖出去打二十大板。"说"三八二十四"的那个人很不服："明明是他蠢，为什么要打我？"县官答："跟说'三八二十一'的人竟然能吵一天，还说人家蠢？不打你打谁？"

这个小故事在博大家一笑的同时，也揭示了深刻的道理，能和说"三八二十一"的人吵一天，确实是不够明智，争论也没有任何意义。人无完人，世事无常，肯定很多事你都看不惯，但是事事这么清楚、这么较真，你会变得很累，有的时候还是睁只眼闭只眼的更好。糊涂到点子上，还能赢得机会，赢得朋友。

一名商人自认为在当地的商界已经取得了不小的成就，便在家中设宴，盛情款待当地六位有名的商界要人，想在餐桌上一起交流经验，探讨下一步商业计划，也想找到财富伙伴。到了大宴宾客的那一天，却有七位宾客出席。这名商人心想一定有人是浑水摸鱼来了。但他也不知道这个人是谁，因为这些人他都不认识，是自己下属制作邀请函并分发出去的。于是，商人便以高高在上的姿态说："你们之中有一个人也许走错地方了，请现在离开吧，这种场合不是你这样的人可以来的。"尽管他面带微笑、彬彬有礼，但是讥讽的语气还是让在座的人感到很不舒服。这时，不管是谁离去，都会很尴尬、难堪。这时，突然有一个人站了起来直接走了，在座的人都很惊讶，因为这是当地当之无愧的商界领袖。宴会结束后，这名商人才知道原来他的下属误解了他的意思，发出了七份请帖，所以出现了七个人，这七个人都是当地商界名流。商人终于明白是自己搞错了，但是已经晚了，他给这些商界名流留下了非常恶劣的印象，失去了很多合作的机会。

即使真的有人浑水摸鱼，在那种情况下，也应该睁一只眼闭一只眼，难得糊涂。把话讲得那么明白，不仅令人尴尬，还失去了合作伙伴。故事中德高望重的商界领袖选择离开，也许是为了不让第七个客人难堪，更显示出来自己的大度。

你反思一下自己的行为，是不是过于计较别人的一言一行，眼里只看到别人的缺点而看不到优点？是不是对朋友的某次疏忽耿耿于怀？是不是对一些小事抓住不放，总想羞辱一下得罪过自己的人？这些行为势必引起人与人之间的纠葛、矛盾、麻烦、是非，不仅失去朋友，也让自己活得很不自然，很不舒服。

如果不想活得太累，你不妨试着对事情睁一只眼闭一只眼。

首先，无原则问题的小事不用太较真。你也许凡事都喜欢较真儿，总要打破砂锅问到底，搞得清清楚楚、明明白白、真真切切，其实这样的做事方式不适合一些无原则问题的小事。小事小非过于较真儿，让你变得做事太死板，走进"死胡同"，产生额外的烦恼和精神上的负担。

其次，变通一下想问题的方式，得理也饶人。人无完人，不要拿着放大镜来看人，很多时候，事情并不是非黑即白的，在黑白之间有一块灰色区域。变通一下思考问题的方式，自己有道理也没必要把别人"一棍子打死"，做到得理也饶人。

最后，有选择的装糊涂。不较真儿不是一味地姑息迁就、丧失原则，小事要巧妙转换，注意方法，讲究策略，把敌意换成善意；大事大非要坚持自己的观点。该糊涂的时候糊涂，不该糊涂时千万不能糊涂，这样你会有很大的收获。

人非圣贤，孰能无过？人与人日常相处，总会有一些小摩擦小冲突，千万不要为鸡毛蒜皮的小事都争个是非曲直。转变一下思维，凡事不较真，得理也饶人，这样才不会因为太"聪明"而失去友谊、幸福、机会。

别让琐碎的小事牵着鼻子走

你是不是经常被一些小事影响，心烦意乱，生气发火？比如，早上出门，门卫对你态度不好；买了一件新衣服，有人说这件衣服很丑；经理分配你干一些粘发票的小活，让你很恼火；晚上菜咸了一点，与老婆吵了一架，出去找哥们喝酒……生活中处处是这些琐碎的小事，假如你为这些小事耿耿于怀，甚至被这些小事牵着鼻子走，那你的生活会变得很糟糕，你的心情也会变得很差。

每个人生活中都会有一些不如意的事情，有些人可能会因为这些不如意的事情而烦恼，也有些人会从中发现快乐！关键看你用什么心态对待这些小事。英国著名作家迪斯雷利曾经说过："为小事生气的人，生命是短暂的。"人生是短暂的，为一些琐碎的小事而浪费时间、耗费精力是不值得的。

玲玲与丈夫周末大吵一架，把家里摔得稀巴烂，闹起了分居，而事情的起因却是一件非常小的事情。玲玲周末去逛街，进门就对丈夫说："你看这件衣服多漂亮，才一千多元。"丈夫做生意刚赔了一部分钱，心里正不爽，大声说："你就一败家子！一千块钱还便宜呀？"玲玲从来没有听过丈夫这样对自己说话，也不知道丈夫生意失败的事情，一听就着急了："我就败家了，看不下去，就离婚。"丈夫气冲冲地说："离就离！"玲玲一赌气回了娘家，俩人进入冷战，婚姻出现危机。

其实这都是生活中的一些小事，夫妻两人完全没有必要闹得那么大。一句话的事，有一个人让一步，也不至于分居。本来玲玲和丈夫感情很好，两人很珍惜幸福的生活，纯粹是过于计较，才被小事牵着鼻子走。

事分大小、轻重、缓急，在每个人的心目中都有自己的划分标准。但因为心态不平和，小事也会被闹大，压力也会越大，久而久之，小事消极的一面就会影响你的生活、未来甚至人生。

小青名牌大学毕业，经过多次面试，过关斩将成为世界500强企业人力资源经理助理。工作后，小青的表现也不错，从工作流程到待人接物，她学得很快，跟同事也相处融洽，经理开始慢慢地给她安排一些协调的工作，尝试让她沟通各个部门之间的关系。这样的事情多了，小青有些不满意，有时为会议准备办公室，有时临时担任起端茶倒水的任务，有时还得复印打印，有时还要忍受各个部门千奇百怪的抱怨……小青对自己的工作越来越不满意，把自己想离开的想法告诉给经理。经理说："你进这家企业最初的动机是什么？"小青说："因为是世界 500 强企业，平台大，能学到东西。"经理反问："你觉得学到东西了吗？"小青点点头，经理又说："那为什么要因为烦恼一些小事就失去这个平台呢？这里有你最想要的东西，这是关键，其他一些小事，虽然烦又何必挂在心上呢？"小青豁然开朗，再也没有提过辞职，而是更加积极地工作，最终获得锻炼和提升，被经理推荐到另一个部门做主管。

如果小青过于在乎那些让自己不愉快的小事，并因为那些小事辞职，那就失去了自己来之不易的机会。经过经理的点拨，她没有被小事牵着鼻子走，而成为小事的主人，在职场走得更远。

其一：仔细分析你为这些小事烦恼的原因。假如你非常烦恼，就仔细分析一下烦恼的原因，并结合一些生活中的实例说服自己不要为小事生气、烦恼。

其二：学会宽容和忍让。烦恼来无影去无踪，你要想排除烦恼的困扰，首先要学会宽容和忍让，同时要学会换位思考，不要为一些小事而耿耿于怀，就能处理好那些小事。

其三：给自己留出处理小事的时间。如果你觉得最近一段时间烦心的琐碎小事很多，就给自己一段时间理一理思绪，积极调整一下自己的心态，不要被小事牵着鼻子走。

生活本来充满了苦难，各种繁琐的小事也时常困扰着你，你要换一种角度去看待问题，凡事不过多计较，更不要为一些小事乱了阵脚，多往好的方面想一想，心中会豁然开朗。只有这样，你才能正确看待烦恼，才能不会经常为一些小事而生气伤神。

无伤大雅的玩笑，请你别当真

同事之间，朋友之间，偶尔都会开几个玩笑，善意的、恰当的玩笑可以调节、活跃气氛，缓解紧张工作带来的压力，增进彼此之间感情。一个团队中如果有一个喜欢开玩笑的人，就像引擎有了润滑剂一样变得非常和谐，而团队成员也会变得很开心。

但是有时玩笑也许并不是善意的，或者有点过火了，而你恰恰是开玩笑的对象，那你该有何反应呢？

索尼亚是美国著名女演员，她的童年是在加拿大度过的。当时，她在农场附近的一所小学里读书。有一天，她回家后很委屈地哭了，父亲就问她原因。她说："班里一个女生当着同学的面说我长得很丑，还说我跑步的姿势很难看，简直像青蛙。"父亲听后，只是微笑，然后说："我能摸得着咱家的天花板。"正在哭泣的索尼亚听后觉得很惊奇，不知父亲想说什么，她忘记了哭泣，仰头看看天花板。将近四米高的天花板，父亲怎么能摸得到。她摇摇头，说："我不相信！"父亲笑笑，得意地说："不信吧，那你也别信那女孩的话，因为玩笑话并不是事实，那个女孩是和你开玩笑呢。"索尼亚明白了父亲的用意，并没有把那个女孩的话放在心上，她在二十四岁的时候就成为颇有名气的演员了，从来没有人说过她丑。

索尼亚在父亲的引导下，认识到对别人说的玩笑话不必太在意，说者也许是无心的。如果她从此记恨自己的同学，或者就认为自己真的很丑，那自己的发展就真地被制约了。所以说，无伤大雅的玩笑，不必太当真。

虽然大家都明白这个道理，但是面对别人的讥笑或者嘲讽的时候，难免会很生气，或者大发脾气，或者向开玩笑的人反击，或者信以为真自怨自艾……这些做法都是不明智的。不但破坏人际关系，还会让自己陷入愤怒、失望之中。

高三一班的甜甜在模拟考试中出乎意料地考了好成绩，把原来和她成绩差不多的同学都比了下去。曾经比甜甜考得好的灵灵不服气，对甜甜冷嘲热讽，"因为你长得漂亮，老师才多给你几分吧？""你是不是事前拿到答案了呀，不然凭你根本不可能有这样的好成绩。"也有别的同学加入灵灵的行列，开玩笑说："甜甜看起来很老实，没想到还会作弊呢。"甜甜是个内向的孩子，不懂得怎么面对这些玩笑话，只是生闷气，还偷偷地哭。接下来一段时间，甜甜学习状态一直不好，在第二次模拟考试中考得很差。这好像印证了原来同学的玩笑话，甜甜觉得自己很丢脸，整天要求父母给自己转学。就这样度过了高三，甜甜高考也没有考到好成绩。

其实，同学说的话反映了他们的一些小心眼，半真半假，不过是通过开玩笑的方式发泄一下。而甜甜最大的错误就是把玩笑话当真，对别人的言论斤斤计较，最后伤害的是自己。

当别人开一些无伤大雅的玩笑时，你要学着调节自己的心态，让自己大度一点，不必太在意。

其一：分析一下大家拿你开玩笑的原因，对症下药。有人也许是嫉妒你，有人也许是为了提醒你，有人也许纯粹是觉得好玩，不管是什么原因，玩笑话毕竟是玩笑话，不必较真。如果你不愿意让别人开玩笑，就试着改变自己，采取一些措施。

其二：别人拿你的短处开玩笑，你就反思一下自己的短处。你的短处被别人开玩笑，当然是很不爽的事情，但是反过来想一下，既然你明了自己的短处，不妨积极弥补改正，还会促使自己进步。

其三：积极地看待玩笑话。下属拿你开玩笑，说明你很和蔼可亲，没有架子；同事拿你开玩笑，说明你不让别人敬而远之。这样看待玩笑话，你就不会计较太多了。

玩笑是生活中的清醒剂和润滑剂，因为有了玩笑，生活才变得有趣和生动。既然你成了开玩笑的对象，就坦然接受，不要当真，大度一些，心胸开阔一些，不斤斤计较。尝试一下，你一定会成为大家欢迎的人。

第十四章
知足的心态，用正面的力量成就幸福

不要在心里种上贪婪的种子

也许你很小的时候就听过渔夫与金鱼的故事，渔夫救了金鱼，金鱼满足了渔夫很多愿望，但是渔夫并不满足，不停地索取，后来金鱼索回了一切，渔夫又重新回到原来一贫如洗的生活。这个故事讲述的就是人类被贪婪吞噬心灵的故事。

一个人总有许多隐秘而复杂的心理，包括善良、忠诚、决心、自信等，也有一种非常危险的心理，那就是贪婪。谁也无法否认，人是有欲望的，正因为有了无穷的欲望，人才会有上进心，朝着自己的目标努力，人类社会才一步步地向前发展，而且变得越来越文明。但是欲望过大、过多、过于急迫，就会变成一杯贪婪的毒酒。

一个人如果在心里种下贪婪的种子，就会欲壑难填，对财富贪得无厌，对权力地位贪婪成性，对美女俊男贪恋，对好酒好菜贪杯贪吃，做生意时贪便宜……叔本华说："财富和海水非常类似，越喝喉咙就会越干燥。"

古时候有一个穷人，对神仙非常虔诚，每天供奉，感动了神仙。神仙决定帮他一把，让他过上富有的生活。一天，穷人正在神像前祷告，神仙就在他面前显出真身。神仙朝路边的一块砖头一指，砖头变成了金砖，将金砖送给穷人。这个穷人并不满意，恳求神仙多给他一些财富。神仙又用手一指，把一尊大石狮变成金狮，一并送给他。这个穷人似乎还不满意，催促神仙再多给他一些财富。神仙问他："怎样才满意呢？"这个穷人犹豫了半天说："我想要你的这个手指。"神仙大吃一惊，他从来没见过这样贪心的人，他无奈地摇摇头，然后就消失了，所有金子又变回了原样。最后，这个穷人什么也没得到，一直过着贫穷的生活。

这个小故事告诉我们一个简单的道理——越是贪婪，越容易失去。像这个穷人一样，得到了金砖、金狮子，竟然不知满足，不断索取，最后一无所得。

如果你对自己所获得的一切不知足，一直想获得更多东西，那你也陷入了贪婪的误区。你要时刻警醒，因为过度的贪婪会使人走上违法乱纪的道路：对权力过度贪婪，往往使自己权令智昏，走入自我毁灭的深渊；对钱财过度贪婪，会铤而走险，走上自我毁灭的道路；对名利的过度贪婪，让人沽名钓誉、欺世盗名。其实，在人的有限生命里，可消受的财富是有限的，财富达到与自己的身份、地位、生存环境都不相符的程度时，它就成了毫无意义的数字游戏了。当财富多到一个人的能力无法驾驭的程度，它就会成为人的主人。

所以，不管是生活中还是事业上，面对利益时要保持清醒，懂得知足和分享。只有这样，你才能赢得更多合作伙伴，做到合作共赢，实现自己的梦想。

香港首富李嘉诚怎样聚集起自己的财富，是大家非常关心的问题，不贪心也许是他做生意的秘诀。1987年，位于香港九龙湾的一块政府公地拍卖，因为地理位置良好，拥有极高的开发价值，吸引了很多房地产界的大亨，李嘉诚也参加了拍卖会。这块公地底价为2亿港币，每口竞价为500万港币。竞拍一开始，场面就异常火爆，充满着火药味。就在李嘉诚和一位竞标者连叫两口，底价连跳两次的时候，拍卖场上响起了一个声音："2.5亿！"李嘉诚一看，原来是胡应湘。胡应湘毕业于美国著名的普林斯顿大学土木工程系，和李嘉诚有过良好的合作关系。后来，地价已经被抬到了2.6亿，李嘉诚不慌不忙地举起手叫道："3亿。"拍卖场一片哗然，胡应湘沉着应战，又将价格连抬几级。很多房地产大亨也纷纷加入竞价。这时候，李嘉诚的得力助手周年茂悄悄走到胡应湘的助手何炳章身边，对他一阵耳语。结果，在接下来的竞拍中，胡应湘居然退出竞投。在人们都感到意外的时候，叫价已经加到4亿港币，这时李嘉诚再次举手，报出4.95亿港币的天价，令在场的所有人侧目。拍卖师一锤定音，李嘉诚终于将这块公地拿下。不过，令人感到惊讶的是，在拍卖会后李嘉诚立刻宣布："这块地是我和胡应湘先生联合所得，将用以发展大型国际商业展览馆。"这个项目让两人都获得了巨大的利益。

当看到巨大利益时，李嘉诚没有想到独占，反而与竞争对手共享。李嘉诚这一招非常灵，胡应湘停止竞价，两人共同开发，以合适的价格拿到公地。试想，如果李嘉诚贪心一点，想独吞这块地，那胡应湘一直抬高价格，价格很快就会超过李嘉诚事先给自己定好的底线，即使地最终到了自己的手中，也没有多少利润可言了。懂得知足，懂得分享，让李嘉诚在商场长盛不衰。

其实，你也可以发现身边有很多"聪明人"，有才干、有创造力，但在利益的驱动下，很少愿意与别人分享自己的智慧成果，只想获得更多更多，永远不知道满足。目标达成了，他们最后失去朋友，失去退路。目标没有实现，他们又会陷入绝望、失落、烦躁之中。因为贪婪，他们失去真正的生活，没有任何幸福可言。就像培根所说："野心有如胆汁，它是一种令人积极、认真、敏捷、好运的体液——假如它不受到阻止的话，但假如它受了阻止，不能自由发展的时候，它就要变为焦燥，从而成为恶毒的了。"

所以，不要在心里种上贪婪的种子，不然当贪婪在内心生根发芽，就会反过来伤害你自己。那么当出现贪心的念头，该怎么办呢？下面的方法你可以试试。

方法一：转移视线。假如你对赞美之声、地位、金钱之类的东西过于贪恋，不妨将此种情绪转移到你的某种爱好上，比如你喜欢琴棋书画，喜欢钓鱼，喜欢听京剧，完全可以把心思转移一下，合适的时候加入一些团队，在这些领域取得不错的成绩，陶冶情操。

方法二：理智克制。当你内心贪念过盛时，不妨想一想古往今来讲述贪婪毁掉人生的故事，问自己有没有承受法律制裁、失去一切的勇气。人类是理智动物，可以试着运用自己的毅力，将那欲望的手收回来。

方法三：远离贪婪的人。如果你的妻子、上司、朋友有贪婪的特征，你很容易受到影响。很多在事业上正如日中天的人，都是禁不住家人、朋友的软磨硬泡，而伸出贪婪之手的。所以你要远离贪婪的朋友，不受贪婪家人的影响，坚持自己的原则，

还在等什么，什么都没有内心快乐重要，调节你的心态吧，对心中的贪婪斩草除根。人生的幸福来源于知足，感恩自己拥有的一切，不过度索取，你才会拥有快乐的生活。

丢掉不切实际的幻想，烦恼自会消除

你是不是经常苦恼自己的理想难以实现——想一年内升高管，但是成绩平平；想毕业就找个高薪的工作，但是发现应届毕业生起薪很低；想创业自己当老板，但是没有项目没伙伴没资金……你的脑海中会有一个远大的理想，但遗憾的是，你可能忽略了一个重要的因素，那就是这个理想是否切实可行，是否适合自己。

不切实际的幻想是你烦恼的根源。不想做基础工作，一心成大事，但是领导不信任，真正行动起来时，才发现目标太大，计划只能沦落为不切实际的空话。这样下去，你把目光投向虚无缥缈的远处，眼前的一切都让你觉得索然无味，你会变得越来越没有自信，人生也变得毫无目的。这样的心态，会让你失去很多本来应该得到的东西。

两只狮子相伴出去捕食，发现一只羚羊，拼全力追上去，可是羚羊跑得很快，它们追了很久也没有追上。这时，前面的草丛又跑出一头野牛，其中一只狮子说："咱们要是能够追上野牛并咬死它的话，那也够我们吃上一阵儿了，野牛比羚羊肥美多了。"另一只狮子劝说道："咱们追羚羊这么久了，羚羊也肯定跑累了。只要咱们再坚持一会儿，肯定能追上的；这头野牛很强壮，估计我们难以追上它。"那只狮子不听，决定放弃追羚羊，独自去追野牛，还说："你等着瞧吧，我一定追到野牛。"另一只狮子很无奈，只好自己去追那只羚羊，羚羊果然越跑越慢，终于被狮子追上了，饱餐了一顿。而中途追野牛的那只狮子已经消耗了大量的体力，最终没能追上野牛，只好垂头丧气地饿着肚子回来了。

因为目标不切实际，所以难以实现，烦恼自然就产生了。追野牛的狮子只想到野牛是更好的食物，没有考虑到自己的能力和现实情况，所以最后两手空空，什么也没有得到。这就说明一旦一个人的理想和目标不切实际，那么即使这个人再努力，带来的都是无穷的烦恼。

每一个人都希望自己的目标能实现、比别人出色，拥有美貌、财富、才华、地位……但是很多东西单单依靠幻想是难以得到的，需要你的努力；还有一些东西，即使努力也是注定徒劳，幻想终究是幻想。不过是徒增自己的烦恼罢了。

王波和强子是硕士同学，专业是信息技术。毕业时，王波认为自己学历高，专业热门，一心想进大企业，大企业的一般岗位还看不上，就瞄准了管理层。虽然王波有技术有学历，但是没有什么经验，肯定一下子难以担当管理工作，所以很多企业都拒绝了他。王波下定决心不找到喜欢的工作就不就业，一拖再拖，失去了最佳就业期，最后只能回老家待业等待公务员考试，陷入苦闷之中。而强子家庭条件不好，他最大的愿望就是先养活自己，于是广投简历，积极面试，后来进入了一家电脑公司做一名最基层的程序员。这份工作对于强子来说很简单，他看重了这家公司的发展前景。没过多久，上司就发现强子才华出众，很快给他调换了一个技术含量更高的岗位。没有多久，强子在新的岗位上也游刃有余时，上司又提升了他。从此以后，上司开始注意强子，频频给他出差锻炼的机会，有意将他培养为技术管理层。强子不负所望，踏踏实实，一步一个脚印，工作三年后就成为这个行业的"金领"。而这个时候，王波还是一事无成。

没有明确的定位，没有丢掉不切实际的幻想，是王波毕业三年一事无成的重要原因。强子定位准确，从一开始就踏踏实实地工作，不仅过得快乐充实，还获得了提升，为自己的职场之路打开了局面。

你现在清楚了吧？丢掉不切实际的幻想，你的烦恼自然就会少很多。在现实生活中你可以这样做。

首先，分析自己的理想是不是切合实际。没有什么才艺，没有吸引人的美貌，就不要幻想做明星。如果你一味羡慕明星光鲜亮丽的生活，那你只能自寻烦恼。你不妨静下心来分析一下自己的优势、劣势，为自己制定可行的目标，然后为这个目标去努力，你就一定能有所收获。

其次，制定小目标，踏踏实实做一些事情。目标太大，大到不能实现，就会变成不切实际的幻想。你不妨从低做起，循序渐进，达到聚沙成塔的效果，稳稳地站在塔尖。事实上，很多成功人士都是从最底层开始做起的，他们的梦想也是遥不可及的，但是分解成小目标，一切就变得简单了。

美国 19 世纪著名哲学家、文学家爱默生曾告诫年轻人说："天地如此广阔，世界如此美好，等待你们的不仅仅是一对幻想的翅膀，更需要一双踏踏实实的脚！"每个人都有做梦的权利，但梦想不切实际、难以实现，就会变成幻想。不要再沉迷于那些不切实际的幻想了，调节一下心态，拥抱现实生活，为自己制定小目标，一个台阶、一个台阶地往上走，你会变得更加快乐。

做人要懂得"适可而止"这个词

一位无氧登山运动员去攀登珠穆朗玛峰，当登到 6400 米的高度时，他感到体力不支、呼吸困难，于是与队友打了个招呼就下山去了。事后朋友问他："为什么不再坚持一下，再攀高一点就可以跨越 6500 米的生命死亡线了。"他回答说："我最清楚，6400 米的海拔是我登山生涯的最高点，我一点都不感到遗憾。"这个登山运动员的心态就非常好，懂得适可而止。

古人云："知足之足，常足矣。"意思是说拥有知道满足的平衡心理才是永远的富足，也是俗话说的"知足者常乐"。人们通常用"知足常乐"说服别人，但有时难以说服自己。人若不知满足，不懂得适可而止、见好就收，那么极易成为名利的奴隶，变得不能自拔。

"因嫌纱帽小，致使锁枷扛。"放眼望去，有多少人追求了、得到了，但不懂得适可而止，官场翻船，商场破财，最后落得个人仰马翻。人的欲望是永远也填不满的，没有永远的常青树，也没有常胜将军。知足常乐，见好就收，这才是人生大智慧。

三国时期，曹操挥师进攻被蜀汉军占领的汉中，初战告捷，大将司马懿进言："应立即加紧进攻，乘胜追击，否则，就会延误歼灭刘备的时机。"然而曹操却说："人最苦于不足，既已得陇右，何须再贪蜀焉？"他的意思是不要冒险攻蜀了，应见好就收、适可而止。数年后，刘备又攻入汉中，来势汹汹。这次曹操又亲自领兵来战。刘备采取"以逸待劳""釜底抽薪"的战术，切断了曹军的粮草补给线。精于战略战术的曹操对此深感不安。他深知劳师远征、粮草不足可能陷入苦战，决定退兵。这次战争虽然劳而无功，却也保全了曹军元气。

曹操遇事"适时而止，适可而止"，才能保存实力，最终奠定了曹魏得胜的基础。

在人生中，总是面对各种各样的情况，有的时候正确应对变化才是最理智的选择。当环境发生变化，你就要不断调整自我，懂得见好就收和适可而止。

几个年轻人一起到海边度假，他们住进一栋 5 层楼的小旅馆。旅馆的老板说："我们一共有 5 层楼，你们可以一层一层地走上去，一旦觉得某一层的设施令你们满意，你们就可以停留下来。为了帮你们做出决定，我们在每一层楼都立了告示牌，写明了这一层都有些什么。但是你们要记住，一旦决定住某一层，就不能反悔了。"年轻人对这个旅馆的规则很感兴趣。在第一层楼，他们看到告示牌上写着："这一层房间床板都很硬，地毯也是旧的，而且不会上门服务。"年轻人毫不迟疑地向楼上走去。第二层的告示牌上写着："这里的房间还好，床板不太硬，地毯半新，没有上门早餐服务。"他们继续往上走，到了第三层，看见告示牌上写着："这里的房间很舒适，床很软，而且还有上门早餐服务，惟一不足的是地毯有些旧了。"这层好像不错，年轻人经过讨论，决定再往上看看，也许会有更好的选择。到了第四层，这一层的告示牌上写着："这里不仅房间舒适，而且所有用品都是新的，除了有上门早餐服务还会赠送水果。"这时大家出现分歧，有的人说留下来，有的说再上去看看，几番讨论他们终于决定上五层。到了五层，他们都傻眼了，这一层空荡荡的，甚至没有房间。告示牌上写着："这里什么也没有，设置这一层楼只是为了开个玩笑，遗憾的是，您被玩笑捉弄了。"

有时，你也许会和这些年轻人一样，面对众多选择时不懂得满足，已经拥有很多了，但还想要更多，到最后却一无所获。

一个劲儿往前冲，想获取最丰厚的礼物，却可能迷失自己。请调节自己的心态，站在原地冷静地想一想，学会停下脚步。那么如何做到适可而止呢？

一方面，适可而止需要勇气。很多人不懂适可而止，是没有勇气，战胜不了自己，也战胜不了诱惑。这时你应该认真思考一下，既然你已经取得了成就，积攒了经验，还有什么不满足的呢？勇敢地选择退出，也许放弃更大的名利，但是也给了自己更大的机会。

另一方面，珍惜自己所拥有的一切。也许你从未重视过眼前拥有的

别败在不会调节心态上

一切，和睦的家庭，稳定的工作，健康的身体，似乎是你理所应该拥有的，于是过分追求身外之物。当你懂得珍惜现有的，见好就收，把握当前，你会战胜生活中的不安和烦躁。

其实人生时间有限，名利是无止境的，只有适可而止，才能知足常乐。从现在开始，调节自己的心态，做一个知足者吧，只有这样你才能看透名利的本质，能拿得起放得下，心境自然宽阔。

名利不过是一场空

人生苦短，岁月易老，你也许问过自己该怎么度过人生，该怎样才能获得快乐。诸葛亮的"非淡泊无以明志，非宁静无以致远"道出人生的真谛。一个人如果欲望太多，追求名利，人生一直在苦苦求索，又怎能获得快乐呢？有的人落寞是因为有理想有期盼而不能实现，有的人苦闷彷徨是因为拥有的名利不能把握，转瞬即逝。其实，为了名利放弃了人生最美好的时光，而得到的名利却只会让人徒增困扰。

居里夫人获得诺贝尔奖后天下闻名，但她把全部心血放在科学事业上，对名利全不在意。有一天，一位朋友来她家做客，忽然看到她的小女儿正在玩英国皇家学会刚刚颁发给她的金质奖章，于是惊讶地说："能得到一枚英国皇家学会的奖章，是极高的荣誉，你怎么能给孩子玩呢？"居里夫人笑了笑说："我只是想让孩子就知道，荣誉就像玩具，绝不能看得太重，否则就将一事无成。"居里夫人的观念影响了自己的女儿，后来她的女儿也成为一名科学家。

对于居里夫人来说，人生的最高境界是在自己的事业中获得身心的满足，至于那些荣誉，都是过眼云烟。确实，如果她从一开始就把名利放在心上，也许很难在艰苦的环境中做出成绩。

在你看来，也许这个世界拥有了名利就拥有幸福，而你也被各种耀眼的名利吸引，做到淡泊名利确实不是一件容易的事情。但如果你能调节心态，严格要求自己且身体力行，快乐就会随之而来。

阿姆斯特朗一直被认为是登上月球的第一人，而且是唯一一个，因为阿姆斯特朗身着宇航服在月球上行走的照片深入人心。其实，这实在是个历史的误会。与阿姆斯特朗同时踏上月球的还有一位登月者，名字叫奥尔德林，阿姆斯特朗在月球上的照片也是奥尔德林拍摄的。在一次为这两位登月英雄举行的欢庆宴会上，有人问奥尔德林："登上月球的是你们两个人，可人们都说阿姆斯特朗是第一个踏上月球的人，你怎么想呢？"奥尔德林幽默而宽厚地说："我可是第一个从月球踏上地球的人。"奥尔德林没有炒作自己，也没有和阿姆斯特朗一样成为新闻人物，他因此享受着安静的生活。

奥尔德林心胸宽阔，他懂得名利不过是一场空，生活的本质在于经历。虽然一直是无名英雄，但是他收获了安静的生活和别人的尊敬。

其实，名利本身并没有错，错在人为名利而起纷争，为名利而迷失生活的方向。如果你养成淡泊名利的人生态度，从容面对生活，你就更容易找到快乐，活得更轻松。

陶渊明是中国古代著名的文学家，他蔑视功名富贵的情操一直被后人赞扬。陶渊明生活的时代，朝代更迭，社会动荡，人民生活非常困苦。为了养家糊口，他来到离家乡不远的彭泽当县令。这年冬天，朝廷派一名官员来视察彭泽县。这位官员粗俗又傲慢，一到彭泽县的地界，就派人叫县令来拜见他。陶渊明心里很厌烦这种假借朝廷名义发号施令的人，但也只得马上动身，他的随从提醒他："参见这位官员要十分注意小节，衣服要穿得整齐，态度要谦恭，不然的话，他会在朝廷说你的坏话。"一向正直清高的陶渊明长叹一声说："我宁肯饿死，也不能因为五斗米的官饷折腰。"他马上写了一封辞职信，离开了只当了八十多天的县令职位，从此再也没有做过官。从官场退隐后的陶渊明，在自己的家乡开荒种田，过起了恬淡的田园生活，写下了许多优美的田园诗歌，为我们留下了宝贵的精神财富。

历史长河中有多少汲汲于名利的大官小官，到最后都被历史淹没了，而陶渊明没做过高官，生活清苦，却青史留名，成为名士的典范。

面对熙熙攘攘的尘世，怎样做到淡泊名利呢？

首先，要树立正确的人生观，价值观。人生总要有所追求，这种追求不是单纯的金钱和地位，应该是人生圆熟和成功。淡泊名利，需要你建立正确的价值观，充实思想，为高尚的理想而努力。

其次，在生活上控制自己物欲。如果对华衣美食过于追求，就难以经得起各种诱惑的考验，容易被虚名迷惑。懂得控制物欲的人，不重名利，不计得失，能以淡泊的情怀书写出快乐的人生。

在人生的旅途上，追求一种淡泊的情怀，坦然面对生活给你的一切，你会变得更加淡定平和。保持一颗平常心吧，对名利地位看得淡一些，就不会在名利面前摔跟头，就能随时保持心情轻松愉快。

经得起诱惑，才会守得住幸福

人们经常用三句词来形容人生的各个阶段：在迷茫中明确目标——"昨夜西风凋碧树，独上高楼，望尽天涯路"；在孤独中执著追求——

"衣带渐宽终不悔，为伊消得人憔悴"；在追求中实现目标——"众里寻她千百度，蓦然回首，那人却在灯火阑珊处"。

人生虽然有起有落，各个阶段的主题也不同，但是不管是在生活上，还是在事业上，都要耐得住寂寞，经得起诱惑，才能为日后积蓄力量，才能守住自己的幸福。

一名最底层的操作工人希望自己出人头地，赢得公司、上司和同事的认可与掌声。但是常常会被外面的花花世界所干扰，最后在朝三暮四的动摇中浪费了自己的大好时光。没有更刻苦努力的准备，没有耐得住寂寞的毅力，没有经得起诱惑的定力，怎么能获得成功呢？

一个为人父为人夫的男人，拥有和谐的家庭、幸福的婚姻，但是经不起美色的诱惑，寻求刺激，不仅把自己拖入泥淖，还亏欠了妻子和孩子，又有什么理由享有幸福呢？

幸福属于经得起诱惑的人。

有这样一个小童话。很多年前，有一个养蚌人，他想培育一颗世界上最大最美的珍珠，就来到沙滩上挑选沙粒，但是大部分沙粒都拒绝了他。到了黄昏，终于有两个沙粒愿意成为美丽的珍珠，答应了他。这两个沙粒被放进蚌壳里，深藏在海底，远离亲人朋友不说，还见不到阳光雨露，享受不到明月清风，甚至还缺少空气，只能与黑暗、潮湿、寒冷、孤寂为伍。其中一只沙粒每天听到鱼儿讲述外面的精彩和美丽，经不起诱惑，从蚌壳里出来了，不久就不知道被海水冲到什么地方去了。而另一个沙粒，忍受着黑暗与寂寞，默默等待，终于成长为一颗晶莹剔透、价值连城的珍珠，它整日随主人到各国巡展，在人们欣赏自己的美丽的同时，也赢得了人们的尊重和赞美。

一颗小小的沙粒，因为经得起诱惑，走过黑暗与苦难的长长隧道之后，就变成一颗璀璨耀眼的珍珠。

在这个人心浮躁的社会，到处都是诱惑，你也许觉得自己很难抵御，甚至期盼这些"诱惑"快点到来。其实诱惑就像是烈酒，贪杯必将让你失去理智，失去幸福。你要懂得修炼自己的心态，冷静地思考，及时悬崖勒马，才能成就幸福人生。

首先，只有经得起职场诱惑，才能守住自己的位置，为未来的成功奠定基础。

有一位五星级酒店的见习厨师，快过见习期了，马上就会成为大厨。但是他见到酒店客人花钱大方、生活滋润，心中产生嫉妒之情。他偶然见到客人丢失的手表，心存私念，便趁人不注意据为己有。事情过去很久，也没有人追究，他心中窃喜，认为自己终于找到"便捷有效"挣钱方式。后来他经常有意无意拿走客人"遗失"的小东西，甚至利欲熏心，把厨房一些珍贵的食材拿出去卖。世上没有不透风的墙，他的行为很快就被人发现了，丢了工作不说，还上了餐饮界的黑名单，他离大厨只剩下一步了，却没有人肯雇佣他。

见习厨师对财富没有准确的定位，一直想通过不合理的方式获得金钱，所以在遇到诱惑时把握不住自己。如果他一直能脚踏实地，稳稳当当做自己的厨师，又怎能得不到回报呢？

其实你每天都面临着各种诱惑，上班时 QQ 上闪烁的头像、精彩的 NBA 直播诱惑着你；做业务时，客户给你的回扣诱惑着你；做上领导，下属送的礼物金钱诱惑着你；做商人，违法操作的巨额利润诱惑着你……面对这些诱惑，你要守住道德的底线和法律的底线，不断地告诫自己人生无捷径，没有任何付出就能得到的东西往往会让你一败涂地。

其次，爱情、婚姻要经得起诱惑，才能守住家庭。

如果你被别人吸引，着迷于第三者的某些优点，就要把注意力转移到这些优点上，在自己身上培养它们。另外要学会理智思考，意识到来自婚姻外的诱惑不是因为爱情，那些猎奇式的感情经不起推敲，没有任何基础。当面对诱惑时，夫妻双方要加强沟通，同时多想一些新点子为爱情和婚姻保鲜。为了保护自己的家庭和婚姻，你必须强大自己的内心，感恩自己拥有的一切，抵御诱惑，守住幸福。

人生是一个自我修炼的过程，在这个过程中，很多环节都是对你的磨练，比如诱惑。当你迷茫无助时，诱惑就出现在你身边，这时你一定要培养自己知足的心态，找到自己的方向，除掉浮躁，抵御住诱惑，守护自己的幸福人生。

常怀感恩心，善待每一个人每一件事

俗话说："滴水之恩，当涌泉相报。"在人的一生中，大自然给我们提供衣服食物，让我们吃饱穿暖；父母给我们生命，让我们拥有机会享受生活；朋友陪伴我们走过艰苦的岁月，分担我们的痛苦、分享我们的快乐；爱人给了我们温暖的家，与我们一起经受生老病死、喜怒哀乐；陌生人给了我们温暖的微笑，在我们最需要的时候伸手帮助了我们……因为有了这些人这些事，我们的人生才不再寂寞、孤独。所以，我们必须常怀感恩之心，善待周围的每一个人每一件事。

懂得感恩，你的内心会变得自然平和。当你明白自己所拥有的一切都是上天的馈赠，你就会领悟生命的真谛，不再因为一时一事的得与失斤斤计较、抱怨苛责，内心就会平安喜乐。

懂得感恩，生活自然幸福快乐。如果你懂得感恩，就会对当下的生活感到满足，把自己得到的任何东西，都看作意外的惊喜和收获。不再为一时的失败闷闷不乐、悲观失落。

懂得感恩，就会从回报中获得温暖。当你懂得感恩，就会学会回报，并将善良和美好的种子植根于内心，让温暖在人情冷暖、世态炎凉的社会中传递，一些矛盾和问题也会悄悄地化解。

当你真的有一天懂得了感恩之心的重要性，并且善待每一个人每一件事，你会有惊喜的收获。

李江是个孤儿，是在四邻八舍的关爱、帮助下长大的，养成了乐于助人的性格。后来他开了一家小型制茶厂，因为激烈的市场竞争，茶叶虽然质量不错，但难以打开市场。尽管这样，他还是不断地资助别人。一次，他途经杭州，路遇一位老人被车撞倒昏厥在地。当时，很多人见状都避开了，李江立即拦了一辆出租车把老人送到医院救治。他挂号、付款，忙得满头大汗，医生护士都误把他当成了老人的亲属。经过及时抢救，老人脱离了生命危险。出院后，老人非常感谢李江，在谈话中了解到他家茶厂生意不景气，就打电话给在美国经商的儿子，让儿子回来考察李江的茶厂。原来，老人的儿子做食品贸易，正好想进军茶叶领域。经过考察，老人的儿子与李江的茶厂建立了长期供销关系。从此，李江的茶叶生意起死回生。

李江从小接受别人的帮助，懂得感恩，养成乐于助人的习惯，而接受他帮助的人也懂得感恩，为他解决了事业上的难题。这就是善待他人带来的惊喜收获。

也许你觉得自己独来独往，没有接受过什么人的帮助，也不需要对谁感恩。其实你这种心态是错误的，感恩并不是非要感谢具体的某个人，而是一种积极的内心情感，是一种健康的生活态度。懂得感恩的人往往活得满足、从容，展现给他人的也是宽容、温暖和责任。

罗斯福总统身体残疾，但是美国历史上唯一蝉联四届的总统。他

225

的为人处世的方式给人许多启发。据说有一次罗斯福家中失盗，丢了许多重要的东西，一位朋友闻讯后，忙写信安慰他。罗斯福在回信中写道："亲爱的朋友，谢谢你来信安慰我，我现在很好，感谢上帝。因为贼虽然偷去了我的东西，但是没有伤害我的生命；贼只偷去我一部分东西，而不是全部；第三，最值得庆幸的是，做贼的是他，而不是我。"

对任何人来说，失盗绝对是不幸的事，而罗斯福却找出了感恩的三条理由。由此可见，罗斯福把感恩当做一种处世态度，凡事朝积极的方面去想，所以被盗这样的小事不会让他沮丧、难过。

调节心态，学会感恩，你应该这样经营自己的生活：

首先，感恩的最好方式是珍惜。珍惜当下的一切是感恩的最好方式。你现在已经得到和拥有的一切，哪怕还有缺憾，哪怕不如所愿，都是上天的恩赐。有缺憾的生活才是真正的生活，学会知足与珍惜，才会体味到生活的美好。

其次，接受现实。记住该记住的，忘记该忘记的，改变能改变的，接受无法改变的，这也是一种感恩。当你接纳已经失去的现实，就会认识到人生的"得"来之不易，就会学会感恩，并善待身边每一个人。

最后，善待别人，从小事做起。待人接物看起来好像很难，其实很简单，只要你从小事做起，一个微笑，一个手势，一个举手之劳，都能帮助别人，都能让别人感觉到温暖和幸福，同时你也会在小事中收获幸福。

不要再烦恼了，用一颗包容的心来接纳生活的恩赐，用一颗感恩的心来体会生活的酸甜苦辣。只要你试着调节自己的心态，你就会发现不一样的人生。因为感恩的心态，让你不再埋怨，不再嫉妒，不再愤愤不平，你收获了一份从容淡然！